基于优化支持向量机的个性化推荐研究

JIYU YOUHUA ZHICHI XIANGLIANGJI DE GEXINGHUA TUIJIAN YANJIU

王喜宾　文俊浩◎著

重庆大学出版社

内容提要

在实际应用中，个性化推荐存在小样本、高维度和非线性等问题。针对这些问题，本书提出了基于支持向量机的个性化推荐方法，实现对项目内容与用户行为信息的综合分析。针对不同的推荐问题先后提出了基于支持向量分类机的推荐方法、基于支持向量机先分类再回归的推荐方法、基于平滑技术和核减少技术的对称支持向量机推荐方法以及基于主动学习的半监督直推式支持向量机推荐方法。

图书在版编目(CIP)数据

基于优化支持向量机的个性化推荐研究/王喜宾，文俊浩著.
—重庆：重庆大学出版社，2017.4(2022.8 重印)
ISBN 978-7-5689-0484-1

Ⅰ.①基… Ⅱ.①王…②文… Ⅲ.①向量计算机—研究
Ⅳ.①TP38

中国版本图书馆 CIP 数据核字(2017)第 062179 号

基于优化支持向量机的个性化推荐研究

王喜宾 文俊浩 著

策划编辑：鲁 黎

责任编辑：陈 力 版式设计：鲁 黎
责任校对：秦巴达 责任印制：张 策

*

重庆大学出版社出版发行
出版人：饶帮华
社址：重庆市沙坪坝区大学城西路 21 号
邮编：401331
电话：(023) 88617190 88617185(中小学)
传真：(023) 88617186 88617166
网址：http://www.cqup.com.cn
邮箱：fxk@cqup.com.cn (营销中心)
全国新华书店经销
POD：重庆新生代彩印技术有限公司

*

开本：720mm×960mm 1/16 印张：11.5 字数：155 千
2017 年 4 月第 1 版 2022 年 8 月第 2 次印刷
ISBN 978-7-5689-0484-1 定价：48.00 元

前言

当前,主流的个性化推荐方法包括:基于协同过滤的方法和基于内容的方法。协同过滤的方法通过计算用户兴趣偏好的相似性,为目标用户过滤和筛选感兴趣的物品。它主要是基于用户的行为信息进行推荐,而没有真正利用物品的内容信息和用户的标签信息,同时也存在着数据稀疏和冷启动等问题。基于内容的推荐,本质上则是一种信息过滤技术,仅仅通过学习用户历史选择的物品信息,缺乏对用户反馈信息的挖掘,这也往往会造成推荐结果过度特殊化。

个性化推荐在实际应用中存在小样本、高维度和非线性等问题,鉴于支持向量机在小样本学习,解决非线性问题时可以较好地克服“维度灾难”,以及处理高维稀疏数据方面的优势,本书阐述了基于支持向量机的个性化推荐方法,实现对项目的内容信息以及用户行为信息的综合分析与挖掘。

首先，针对传统的协同过滤推荐方法存在相似度计算方式单一，不易利用项目的内容信息和冷启动等问题，提出了利用支持向量分类机方法来代替传统的相似度计算，不仅考虑了用户的行为信息，而且也利用了项目的内容信息和用户的人口统计学信息。同时，利用带收缩因子的动态惯性权重自适应粒子群优化算法对支持向量分类机的参数进行优化，以期提高推荐模型的准确率。

其次，针对实际应用中，不仅需要推荐列表，而且还需要详细的评分信息（在某种程度上反映了用户的兴趣度），提出了基于支持向量机先分类再回归的推荐方法。该方法根据“用户-项目”关联关系信息，构造特征向量并训练一个分类模型，预测项目的类别，形成一个初始推荐列表；然后，在该推荐列表上建立一个回归模型，预测项目的具体评分；并且在建立分类模型和回归模型时，采用提出的带进化速度和聚集度的自适应粒子群优化算法来优化预测模型。

再次，针对大规模数据中的推荐效率和实时性等问题，提出了基于平滑技术和核减少技术的对称支持向量机推荐方法。该方法采用平滑技术对对称支持向量机进行变换，避免了大规模矩阵的求逆运算，降低了算法的时间复杂度。为进一步提高大规模数据的处理能力，采用了核减少技术进一步降低算法的时间复杂度和空间复杂度。同时，鉴于用户的兴趣和偏好会随着时间、地点等不断演化，对推荐系统的实时性要求较高。为此，引入反馈机制，将用户的评分数据及时加入历史数据中，并设计训练规则，启动模型的重新训练，使模型具有一定的自适应能力，从而提高模型的推荐质量。

最后，针对个性化推荐中有标签数据价值高但稀少，同时对无标签数据标注存在耗时、耗力、代价高等问题，提出了基于主动学习的半监督直推式支持向量机推荐方法。首先，挖掘用户评价信息中有价值的评论信息，并将其加入“用户-项目”关联关系数据集中；然后，采用批采样的主动学习策略对大量无标签的“用户-项目”数据中具有最高信息量的样本进行查询并标注，获得对分类器提升最有价值且尽可能小的样本集，从而降低样本标记的代价，提高了分类器的性能。同时，为了更好地利用无标签数据的分布特征，在目标函数中引入基于图的流形正则项，进一步提升了模型的推荐效果。

本书受国家自然科学基金面上项目“基于异构服务网络分析的 Web 服务推荐研究”（NO. 61379158），重庆市教委科学技术研究项目“大数环境下基于用户行为分析和上下文感知的个性化推荐研究”（NO. KJ1600437）等项目的资助。

限于本书作者的学识水平，书中疏漏之处在所难免，恳请读者批评指正。

著　者

2016年9月

目录

第1章 绪论

1.1 研究背景与意义

随着互联网技术与信息技术的发展,人们的生活、学习和生产方式发生了巨大改变,互联网为人们提供了丰富的信息资源,使人们可以随时随地通过互联网获取信息。但是面对如此繁多、质量参差不齐的信息资源,人们淹没在了信息的海洋中,难以找到自己感兴趣的信息资源,甚至使他们忘却或不能明确自己的真实需求[1],导致了信息丰富但选择困难的两难境地,产生了“信息过载”问题[2,3]。如何帮助用户从庞大的信息资源中,快速、准确地找到自己所需的信息资源,成了当今信息技术研究中的一个重大挑战,也成了学术界研究的热点和难点。为此,先后提出了信息检索技术和信息过滤技术来解决该问题[4,5]。

信息检索技术在一定程度上可以帮助用户找到自己所需要的信息,并得到了成功和广泛的应用。在日常生活中,常用的搜索工具有百度、雅虎、好搜、必应和谷歌等,都属于信息检索系统的范畴[6]。但是随着信息量的急剧增长,信息过载问题越发严重,尤其是到了大数据时代,信息检索系统更加不能满足人们的需求,于是信息过滤技术应运而生[7]。它根据用户提供的需求或兴趣偏好,对动态信息资源进行筛选,自动检索出符合用户需求或感兴趣的信息,并将其呈现给用户[8]。

个性化推荐系统(Personality Recommender System,PRS)作为信息过滤的一种重要方式,为解决"信息过载"问题提供了很好的解决方法,也是当前广泛应用的方法之一,被广大电子商务网站和个性化网站所采用[9]。个性化推荐系统与信息检索系统(以搜索引擎为代表)的主要区别如下:

①PRS 根据收集到的用户特征数据(如行为特征等),建立个性化的推荐模型,然后将符合用户偏好或需求的信息资源推荐给用户;而信息检索系统关注的重点是检索结果之间的客观关系和排序。

②在信息检索系统中,用户是主导者,必须明确自己的需求,输入查询条件,系统返回匹配的信息资源,然后用户筛选返回的结果。如果返回的结果不符合用户的需求,则可以修改查询条件继续查询。而在个性化推荐系统中,系统根据收集的用户偏好特征,为用户推荐他们感兴趣的信息资源,是一种引导性的信息消费,同时用户可能并不知道推荐信息的存在,甚至不知道怎样才可以找到这样的信息资源。此外,个性化推荐系统具有一定的个性化和实时性,可以根据用户偏好特征的变化,调整其推荐策略,及时为用户提供最新的推荐列表。

由于个性化推荐技术的特定优势,在各大网站得到了广泛应用,例如,在 YouTube、土豆、优酷等视频网站中为用户推荐视频;在淘宝、京东、亚马逊等电商网站中为用户推荐喜欢的商品;网易、新浪、雅虎等新闻网站根据用户的浏览行为为用户推荐感兴趣的新闻等。这些成功应用的反作用又进一步促进了个性化推荐技术的发展,成了当今各大主流网站不可缺少的一种信息服务形式。

相对于传统的信息门户时代,用户根据兴趣和爱好寻找所需信息资源所付出的代价非常高,同时信息的价值也一直被忽视。尤其到了大数据时代,各大网站收集的信息量和种类也越来越多,如何从这些海量的信息中发掘用户的兴趣爱好和行为模型成了各大网站推销自己和维持用户的重要手段。而个性化推荐技术能够根据收集的“用户-项目”关联数据,包括用户的浏览历史记录、评价信息、用户的人口统计学特征、项目的内容信息等建立个性化的推荐模型,从而为用户提供个性化的服务,向用户推荐最适合的项目,使用户在浏览网站的同时,能很快发现自己感兴趣的内容,提升了网站的服务质量,增进了用户的黏着性。

正是由于这些巨大的需求,个性化推荐技术自20世纪90年代初期被提出以来,就得了广泛的研究和应用。其中,具有代表性的方法主要有基于协同过滤的推荐和基于内容的推荐。然而前者存在冷启动、数据稀疏性等问题;而后者在内容不易分析时,将无法很好地分析和推荐。同时,也有很多采用机器学习方法来实现个性化的推荐,例如聚类、关联规则分析、回归分析、决策树和神经网络等。基于机器学习的个性化推荐方法可以很好地解决相似度计算方式单一、相似度计算复杂度高、不易利用用户的标签信息以及用户的人口统计学信息等问题,而用户的标签信息和人口统计学信息在解决冷启动方面相当有效,是发现用户潜在兴趣的有价值的信息。

1.2 国内外研究现状

关于个性化推荐系统的产生和应用可以追溯到20世纪70年代,当时协同过滤算法已具雏形。到了20世纪90年代,个性化推荐系统的理论框架已经基本成熟。

早期使用协同过滤算法的推荐系统Tapestry[10]是由美国施乐公司的Palo Alto研究中心开发的邮件过滤系统,但该系统需要人工对邮件进行标注,自动化程度低,导致该系统只能用于小型的邮件系统。

卡内基梅隆大学联合莲花公司开发了主动协同过滤系统[11],并将其融合到了办公系统中,实现了部分数字文档的个性化推荐。

明尼苏达大学的 GroupLens 研究团队开发的 GroupLens[12]推荐系统,采用基于自动协同过滤的推荐方法,在 Usenet 新闻、文章推荐中得到了成功应用。后来,又创建了 Movielens 数据集用于学术研究,该数据集分为 3 个不同的版本用于不同的科研目的。除了卡内基梅隆大学和明尼苏达大学外,还有密歇根大学、纽约大学、微软研究院、谷歌等研究机构对推荐系统的发展也作出了巨大贡献。特别是从 2006 年起,密歇根大学开设了推荐系统相关课程。

美国贝尔通信研究所开发的视频系统(Video Recommender)[13]实现了电影的个性化推荐,该系统采用电子邮件的方式来收集用户对电影的评分数据。在电影推荐中,备受关注的是 2006 年启动的一场历时三年的 Netflix 100 万美元大赛,这个机器学习和数据挖掘的大赛主要目的是解决电影评分预测问题,并奖励使 Cinematch 推荐系统[14]的准确率提高 10%的团队或个人,该大赛吸引了来自全球 186 个国家的专家、学者组成的上万支队伍参加。Youtube 作为目前世界上最大的视频网站,允许用户自由地观看、上传、下载和分享各类视频,并且可以对视频进行评价来不断改善视频的推荐质量,Youtube 的个性化推荐算法是在 2008 年上线运行,并在 2013 年获得了美国国家电视艺术与科学学会授予的“技术与工程艾美奖”,因为它可以从海量的视频中发现用户的爱好,提供深度的个性化体验,延长了用户的注意力。当然,在国内也有类似的视频网站,例如优酷、土豆和酷 6 等也都引入了推荐技术为用户提供视频推荐服务。

亚马逊(Amazon)作为最早采用推荐系统的电商网站,同时也是推荐系统运用到实际应用中非常成功的典范,对推动推荐系统的研究与发展起到了积极作用。据统计,35%的商品销售额由亚马逊的推荐系统提供[15]。这引起了学术界和工业界的极大重视,也推动了研究人员对推荐系统的研究激情。与亚马逊类似的京东、当当、淘宝、eBay 等也都引入了推荐技术,为用户推荐喜欢的商品。

同时,学术会议的召开也促进了推荐系统的研究与发展。近年来,关于研究个性化推荐系统以及相关技术的国际会议特别多，例如 KDD、ICML、AAAI、IJCAI 和 PKDD 等。在国内，特别是中国计算机学会（China Computer Federation，CCF），每年都会组织一次关于推荐系统的学术会议和若干期关于推荐系统与数据挖掘相结合的学科前沿讲习班。

推荐系统的发展，其本质上是推荐算法不断发展和演化的结果，因为它是推荐系统的核心部分，它的性能决定了推荐系统的性能，也决定了推荐系统的推荐策略和工作方式，因此对推荐系统的研究实际上是对推荐算法的研究。根据推荐算法的工作机制，可以将推荐系统分为[16]：基于内容的推荐（Content-Based Filtering，CBF）、基于协同过滤的推荐（Collaborative Filtering，CF）（包括：基于项目和基于用户的方法）、混合推荐（Hybrid Recommendation，HR）以及其他推荐方法等。

（1）基于内容推荐的研究现状分析

基于内容的推荐算法是对信息过滤技术的发展和延伸，其核心是提取和分析项目内容的特征信息，为用户推荐那些与用户历史感兴趣且相似度高的项目。

在不同的应用场景中，基于内容的推荐算法得到了广泛运用，它最早被用在网页推荐和邮件过滤等方面。在网页过滤方面，比较著名的是 Fab 系统[17]，该系统通过从网页中提取权重最大的 128 个词组作为网页的特征词来描述网页，并对网页进行分析，从而实现网页推荐；针对网页推荐，斯坦福大学的 Balabanovic 等[18]开发了智能代理 LIRA，它采用基于内容的搜索规则来搜索互联中的网页，并向用户推荐符合规则的网页，然后用户评价推荐的网页，并将评价结论作为有价值的信息反馈给系统，根据反馈结果更新搜索规则，这样可以为用户推荐更符合要求的个性化搜索内容；针对网页浏览，麻省理工学院的 Lieberman[19]开发了辅助推荐智能代理系统 Letizia，该系统通过对用户的浏览行为进行隐性跟踪，主动学习用户的兴趣模型，并根据学习得到的兴趣模型在后台搜索网页，最后将那些符合兴趣模型的网页推荐给用户；加州大学的 Pazzani 等[20]为实现多元化的推荐形式，利用用户对已浏览网页的评分信息实现了基于内容的推荐系统 Syskill & Webert，该系统利用贝叶斯分类器训练用户的兴趣模型。在邮件过滤方面，麻省理工学院的 Malone 等[21]实现了 Information Lens 系统，该系统采用基于内容的半结构化模块，实现了电子邮件的简单过滤；黄志刚[22]建立了基于贝叶斯分类模型的中文垃圾邮件过滤系统，该系统采用了改进的断句算法和数据挖掘算法，可以很好地发现邮件中的不良信息；刘伍颖等[23]提出了历史域分类器效力线性组合权和当前域文档分类能力线性组合权，对网页进行过滤。此外，还有基于本体的推荐，该方法可以利用本体提供的知识网络代替采用关键字进行资源过滤的方式，梁俊杰等[24]根据网页中的标注信息和对应的本体概念实现网页的分类，并通过用户兴趣模型与网页类别的匹配为用户推荐网页。其他方面的应用也有很多，例如：辛菊琴等[25]利用本体语义推理机制实现资源聚类，在推荐过程中通过实时分析用户浏览行为捕获用户个性化偏好的变化，动态实时推荐内容，实验结果表明动态更新推荐列表，更加贴近用户的真实需求；田超等[26]借助多属性决策手段，提出了智能网上商城推荐系统 SuperRank 框架，能很好地符合用户的评论偏好，是一种有效的方法。

(2)基于协同过滤推荐的研究现状分析

基于内容的推荐其关键是分析项目的内容信息，并提炼能够描述项目内容的特征词，从而挖掘文本内容的实质。但在互联网中，除了易分析的文本资源外，还有大量的多媒体资源（如视频和音频等）都难以分析，导致了基于内容的推荐无法完成。而基于协同过滤的推荐则是通过用户关于项目的评分来计算相似度，从而为用户提供推荐。该方法不受对象内容的限制，应用领域更为广泛，且具有简单、通用和可以很好地发现用户新兴趣的特点，因此该方法自产生以来就得到了快速的发展。但随着电子商务的发展，协同过滤系统的缺点也逐渐凸显，例如稀疏性、冷启动、相似度计算等。

降维是解决数据稀疏性问题的一种重要方法，该方法通过将高维的用户评分空间映射到隐式的低维语义空间，降低推荐算法对数据稀疏性的敏感度。在该类方法中矩阵的奇异值分解与主成分分析是两种具有代表性的方法。Billsus 等[27]提出的奇异值分解方法将那些对相似度计算影响不大的用户或项目评分直接移除来提高评分矩阵的密度;著名的隐语义索引模型(Latent Semantic Indexing,LSI)[28]其本质也是利用奇异值分解方法来对用户向量进行降维,然后计算用户间的相似度。Glodberg 等[29]将推荐过程分为两个步骤,在离线阶段用主成分分析对评分矩阵进行降维,在线阶段为用户提供推荐;Kim 等[30]提出了迭代的主成分分析来实现矩阵的降维处理。虽然该方法在某种程度上能够缓解数据稀疏性问题,但是它舍弃了部分的用户评分或用户,不可避免地要损失一些有价值的信息。

缺失值填充也是缓解数据稀疏性问题的一种重要方法,该方法采用有效的预测方法对缺失值进行预测并填充,来提高数据的密度。最简单也是最方便的方法是采用平均评分值、评分中值、众数等来填充[4];张锋等[31]确定候选邻居集的方法是依据用户评分矩阵交集的大小,并且采用 BP 神经网络对未评分的项目进行评分预测,减小了候选邻居评分矩阵的稀疏程度;Ma 等[32]对基于项目和基于用户的方法进行结合,来预测评分矩阵中的缺失值,提高了矩阵的密度和推荐精度;Sun 等[33]采用多种方法,例如贝叶斯分类预测、均值填补、预测均值匹配、线性回归预测等对评分矩阵填充,并对比分析了各种方法的准确性。

为解决传统相似度计算方法对矩阵稀疏性比较敏感的问题,学者们提出了一些新的相似度计算方法。周军锋等[34]提出了一种优化的协同过滤算法,该方法采用修正的条件概率方法计算项目间的相似度,得到了更准确的结果;张光卫等[35]提出了一种新的基于云模型的相似度计算方法,并且在数据极其稀疏的情况下可以得到理想的推荐效果;Luo 等[36]提出了分别计算用户的局部相似度和全局相似度,并根据相似度的大小选择各自的近邻,然后对两种最近邻的预测评分进行计算,并采用权值来平衡两种预测的重要性;Choi 等[37]考虑了目标项目与所有项目的相似度,凡是与目标项目相似度越高的项目,在最近邻搜寻中起到的作用越大。

此外,基于模型的方法也可以解决数据稀疏性、算法的扩展性和实时性等问题。基于模型的协同过滤是通过收集到的评分数据并形成用户行为模型,随之根据目标用户的历史评分和该模型对目标用户的未评分项目进行评分预测。Delgado 等[38]采用基于概率的协同过滤进行推荐;Billsus 等[39]提出了基于机器学习的协同过滤算法;Breese 等[40]提出了采用基于贝叶斯模型和聚类模型的概率选择模型来实现协同过滤。其他常用的还有线性回归模型[41]、线性分类模型[42]等。

针对冷启动问题,Schein 等[43]提出了一种隐变量模型,该模型可以很好地将内容信息和评分信息融合到一个模型中;Li 等[44]提出了基于项目的概率模型,并使用内容信息来填充项目的评分向量,来缓解新项目的冷启动问题;Ahn[45]设计了相似度度量方法(Proximity Impact Popularity, PIP)来计算用户的影响度、共同评分的近似度和流行度,并将三者的乘积作为寻找最近邻的基础;Liu 等[46]针对 PIP 的 3 个不足,提出了一种新的启发式相似性度量方法。

(3)混合推荐研究现状

在实际应用中,基于协同过滤的推荐和基于内容的推荐都存在着各自的缺点,所以为解决实际问题把不同的推荐算法进行结合形成了混合推荐算法,它比单独采用某一种推荐算法有更高的准确率[47]。目前,常用的是基于协同过滤和基于内容的混合推荐。Melville 等[48]采用基于文本分析的方法在协同过滤系统的评分向量中额外增加了一个评分,并且附加评分高的用户将被优先推荐给其他用户;Yoshii 等[47]为提高音乐推荐的准确率将协同过滤与音频分析技术进行了融合;Shen 等[49]将基于协同过滤与基于内容的推荐相结合用到了科研资源的推荐中;Zang 等[50]将基于协同过滤与基于内容的推荐相结合用来为慢性病患者进行健康生活方案推荐。

(4)其他推荐方法研究现状

除以上常用的 3 种方法外,还有一些其他的方法。首先是基于规则的分析方法,它根据历史数据发现项目与项目之间的关联关系,将那些有关联关系的项目一起推荐给用户。Agrawal 等[51]利用 Apriori 算法分析了项目和用户间的关联关系,从而为用户推荐项目;为提高 Apriori 算法的运行效率,Han 等[52]提出了 FP-Growth 算法为用户推荐项目。还有基于人口统计学的推荐方法,该方法可以在没有项目信息和用户行为信息的情况下进行推荐,在一定程度上解决了冷启动问题[53,54]。值得关注的还有基于社会网络分析的推荐方法,Moon 等[55]根据用户的历史购买行为信息建立用户与产品间的偏好关系,从而向用户推荐产品;Wand 等[56]采用社会网络分析的方法为在线拍卖系统中购买者推荐可信赖拍卖人员。此外,基于效用的推荐方法在近几年也得到了快速的发展,该方法的优势是可以将供应商可靠性、物品的有用性等非物品的特征信息综合考虑到效用中,提高了推荐的全面性。Shepitsen 等[57]针对当前推荐方法不能从个性化效用角度来评价推荐项目,提出了一种基于效用的个性化推荐方法;朱小飞等[58]提出了基于吸收态随机行走的二阶段效用性查询推荐方法,实验结果表明该方法的推荐结果比较理想。

1.3 本书的主要工作

本书主要采用机器学习方法来研究个性化的推荐方法,基于机器学习的推荐包括基于内存和基于模型的方法,主要涉及聚类、分类和回归等方法。其中,基于聚类的方法大多是基于内存的算法,如 KNN 算法,在运算时,需要将数据一次装入内存,对计算机的硬件要求较高,计算复杂度也很高。而基于模型的方法,如决策树、神经网络等,则根据用户的行为数据训练一个模型,然后利用该模型对待推荐项目进行预测,获得用户与项目间的联系,形成推荐列表。但在实际的个性化推荐中,经常会遇到小样本、高维度和非线性等问题,而支持向量机是针对小样本学习提出的,在解决非线性问题时可以很好地克服维度灾难,且在处理高维稀疏数据问题方面具有一定的优势。因此，本书提出采用支持向量机的方法对个性化推荐进行研究，并将其看成分类或回归问题，不仅利用用户的行为信息和人口统计学信息，而且还利用项目的内容信息来建立个性化推荐模型。

本书在采用支持向量机的方法对个性化推荐的研究过程中，针对不同的实际应用问题，有针对性地提出了 4 种不同的个性化推荐方法。为清晰描述这 4 种方法在解决实际推荐问题时存在的关系，通过图 1.1 对研究思路进行了概括和描述。

针对基于支持向量机的个性化推荐策略，本书进行的研究工作主要包括：

①针对传统协同过滤算法计算相似度方法单一，计算相似度复杂度会随着用户的数量和项目的数量增加而增加，特别是当用户数量或项目数量非常大时，计算复杂度将会很高。为此，本书提出了基于支持向量分类机的方法来代替传统的相似度计算，不仅对用户的行为信息进行利用，而且也对项目的内容信息和用户的人口统计学信息进行利用。同时，提出了带收缩因子的动态惯性权重自适应粒子群优化算法对支持向量机模型的参数进行优化，提高模型的准确率。

②针对实际应用中，有时不仅需要推荐列表，而且还需要具体的评分信息，提出了基于支持向量机先分类再回归的推荐方法。该方法首先根据“用户-项目”关联关系信息构造特征向量，并训练一个分类模型，对项目进行预测，得到一个初始推荐列表；然后，在该推荐列表的基础上建立一个回归模型对项目的详细评分进行预测。同时，为进一步提高预测模型的精度，提出了带进化速度和聚集度的自适应 PSO 算法，对预测模型进行优化。

③针对大规模数据的推荐问题和对推荐系统高实时性的要求，提出了基于平滑技术和核减少技术的对称支持向量机推荐方法。首先，通过平滑技术对对称支持向量机进行变换，提高了模型的运算能力；为适应大规模数据的推荐问题，采用核减少技术，进一步降低算法的空间复杂度和

基于传统的协同过滤的推荐方法
基于用户的协同过滤：根据用户的兴趣度计算用户间的相似度。
基于项目的协同过滤：根据用户的行为数据计算项目间的相似度。
为解决相似度计算方式单一；不易利于用户标签；无法挖掘用户间的潜在约束关系。提出第3章的研究内容。
第3章 基于支持向量分类机的推荐方法
根据“用户-项目”间的关联关系信息提取特征向量，建立基于分类模型的个性化推荐方法。
在为用户提供推荐列表的基础上，也可以为用户提供详细的评分。提出第4章的研究内容。
第4章 基于支持向量机先分类再回归的推荐方法
首先通过建立分类模型形成初步的推荐列表，然后通过回归模型形成最终的推荐列表。
为更好适应大规模数据推荐效率的要求；并提高推荐系统的实时性和自适应能力。提出第5章的研究内容。
第5章 基于平滑技术和核减少技术的对称支持向量机推荐方法
通过平滑技术对对称支持向量机进行变换，提高计算效率；并将用户的评分数据加入数据集中，提升模型的自适应能力。
为解决有标签样本少且价值高，但标记无标签样本代价高的矛盾；同时对无标签数据的分布特征进行利用，以提高推荐的效果。提出第6章的研究内容。
第6章 基于主动学习的半监督直推式支持向量机推荐方法
能够挖掘最有力的Query或用户调查

图 1.1 本书的主要研究路线

Fig. 1.1 The research roadmap of this book

时间复杂度；同时用户的兴趣和偏好会随时间、地点等的不同而发生变化，此时就要求推荐系统必须具有较高的实时性，及时了解用户兴趣的变化，为此，将用户的评分数据及时加入历史数据库中，并按照一定的规则启动模型的重新训练，提高了模型的推荐质量。

④针对实际应用中收集到的用户数据标签稀少的问题，提出了基于

主动学习的半监督直推式支持向量机的推荐方法。对于传统的基于分类模型的推荐方法,当用户有标签的数据比较稀少时,将不利于正确发现用户的潜在兴趣和爱好,所以,提出了基于主动学习的策略来对大量无标记样本集中具有最高信息量的样本通过查询机制进行查询并提交给领域专家标注,来不断增加训练样本集的规模,从而改进推荐的效果。

1.4 本书的组织结构

根据研究路线,将本书的研究内容分为7章,每章的研究内容可以概括如下:

第1章是绪论。首先介绍了研究背景和意义;其次,对个性化推荐的研究现状从国内和国外两个方面进行了阐述和分析,并总结了当前研究存在的问题和不足,从而提出了本书的研究内容。

第2章分析了支持向量机与个性化推荐的相关研究。首先,对支持向量机和个性化推荐的相关研究进行了讨论,并对利用支持向量机进行个性化推荐的相关方法进行了重点阐述,包括利用用户的人口统计学信息、利用用户的标签信息、利用项目的内容信息以及推荐策略;最后,介绍了个性化推荐结果的评估方法。

第3章提出了一种基于支持向量分类机的个性化推荐方法。该方法通过对"用户-电影"之间的关联关系信息进行建模,实现了基于模型的个性化电影推荐来代替相似度计算。同时,为了进一步提高推荐的准确率,提出了带收缩因子的动态惯性权重自适应粒子群优化算法对支持向量机参数进行优化。

第4章提出了一种基于支持向量机先分类再回归的个性化推荐方法。首先通对"用户-电影"之间的关联关系信息建立分类模型并形成一个初始推荐列表;然后在该推荐列表上建立回归模型对推荐列表的评分进行预测,并形成最终的推荐列表;为进一步提高预测模型的精度,提出了带进化速度和聚集度的自适应 PSO 算法，对预测模型进行优化。

第 5 章提出了基于平滑技术和核减少技术的对称支持向量机推荐方法。在处理大规模数据的推荐时，对推荐系统的响应时间要求比较高，为此，提出了基于平滑技术优化的对称支持向量机，求解其原始问题来代替求解对偶问题（涉及矩阵的求逆运算）。同时，为提高推荐系统的实时性，将用户的评价数据动态加入历史数据集中来反映用户的实时兴趣变化。

第 6 章提出了基于主动学习的半监督直推式支持向量机推荐方法。为解决现实样本集中有标签样本稀少，还要对大量无标签样本进行利用的问题（标注样本代价高），提出了基于主动学习的半监督直推式支持向量机算法，并在算法中引入流形正则项，更好地对无标签数据的分布特征进行学习。同时，为进一步利用用户的评价信息，首先对评价数据进行挖掘发现有价值的评价信息，然后将其加入到样本数据集中，训练模型，提高了个性化的推荐质量。

第 7 章是结论与展望。对本书关于个性化推荐的研究内容进行概括和总结，并在此基础上对未来需要开展的研究工作进行展望。

1.5　本章小结

首先，讨论和分析了关于个性化推荐的研究背景与研究意义；其次，对个性化推荐系统的国内外研究现状进行了综述和分析，并对当前研究中存在的一些问题和不足之处进行了总结，进而提出了本书的研究内容；再次，介绍了本书的主要工作和研究内容；最后，通过框图的形式描绘了论文的整体研究思路和各章之间的关联关系。

第2章 支持向量机与个性化推荐相关研究分析

2.1 支持向量机相关研究和优势分析

统计学习理论(Statistical Learning Theory, SLT)是由万普尼克(Vapnik)根据统计学习方法建立的一套机器学习理论,该理论方法与归纳学习等其他机器学习方法有较大的区别。并在这套理论体系基础上引出了支持向量机(Support Vector Machine,SVM),对机器学习理论的研究以及各应用领域都作出了卓越贡献[59,60]。

支持向量机是由 Vapnik 及其研究团队在20世纪90年代提出[61,62],并且学者们也证明了其在数据挖掘领域的有效性[63-65],并得到了广泛应用,例如:XML文档分类[66]、语义标注[67]、蛋白质分类[68]、人类转录因子分类[69]、语音识别[70,71]、金融时间序列预测[72]、欺诈检测[73]、破产预测[74]、银行系统风险预测[75]、遥感图像分类[76]、信用危险等级评估[77]、房地产价格预测[78]、销售增长率预测[79]、交通量预测[80]、飞行载荷预测[81]、甲状腺疾病诊断[82]等。

支持向量机从被提出以来就被认为是一个求解凸二次规划的问题，因为从理论和算法分析的角度来讲，凸二次规划问题容易求解。关于这方面的研究有很多，例如线性规划[83,84]、二次锥规划[85-87]、序列最小化算法[88]、凸二次规划[83]、C-SVM 算法[89]、半正定规划[90]、连续超松弛支持向量机[91]、面向大规模求解的向量机[92]等。但在支持向量机中也存在非凸优化和更为一般性的问题，例如在整数或离散优化中认为非凸优化问题带有整数约束，半无限规划[93]和双层优化[94]等。总之，数学规划问题与支持向量机间的密切关系是通过优化算法来体现，关于支持向量机和数学规划问题相互作用的研究主要包括 2.1.1 节中的 3 个方面。

2.1.1 支持向量机算法相关研究分析

(1)标准支持向量机算法相关研究

对标准支持向量机算法不断扩展和改进方面的研究，主要是关于标准支持向量机的分类模型和回归模型的研究。这方面的研究主要是通过对标准支持向量机模型进行一些改进而得到性能更优的模型。Schölkopf 等[95]提出了 v-SVM，主要是对 C-SVM 进行改进，其思路是用参数 v 替换 C 使其取值范围在[0,1]；Angulo 等[96]提出了 K-SVCR，是针对分类问题中反复分解和重构二分类器问题而设计的新方法；Cramme 等[97]提出了基于核函数的多分类支持向量机，其主要思路是使用广义边界概念，构造一个多分类问题作为一个带约束条件的优化问题；Lin 等[98]提出了模糊支持向量机，该方法针对那些不能完全指定为某一类样本的情况，通过对每个输入样本点引入模糊隶属度使不同的样本学习针对不同的分类决策超平面；Parrado 等[99]提出了增量支持向量机，该方法避免了先验结构估计或 SVM 训练后修剪机制，为处理多核、自动选择超参数、快速分类提供了一种新方法；Akbani 等[100]提出了代价敏感的支持向量机，该方法针对不平衡数据集存在分类错误惩罚度不同的情况，对不同种类的样本引入不同的惩罚权重，来获得较好的应用效果；Mangasarian 等[101]提出了多分类超平面近似支持向量机(Multisurface Proximal Support Vector Machine

Classification via Generalized Eigenvalues，GEPSVM），该方法将数据集分为两个不同的子集，求解其特征值来构建两个近似的不平行分类超平面；为进一步提升 GEPSVM 的性能，Khemchandani 等[102]提出了对称支持向量机（Twin Support Vector Machines，TWSVM），该方法与 GEPSVM 类似，但在计算时间复杂度等方面得到了很大提升；GEPSVM 与 TWSVM 的基础是近似支持向量机（Proximal SVM，PSVM），它是由 Fung 等[103]提出，主要优点是在解决低维数据分类时，其训练的速度非常快且对分类的质量没有任何影响，从某种程度上提升了支持向量机的分类性能；为提高标准 SVM 的计算效率，避免惩罚因子 C 值的选择问题，Suykens 等[104]将最小二乘的思想引入标准 SVM，提出了最小二乘支持向量机（Least SVM，LSSVM），与标准 SVM 的主要不同是在目标函数中加入了一个修改因子，将不等式约束变成了等式约束。

(2)优化算法应用到新支持向量机算法相关研究

优化方法在支持向量机方面的应用主要是将著名的优化算法扩展到支持向量机中形成新的算法，并且是针对特定的应用场景而提出。Herbrich 等[105]提出的序列回归支持向量机算法，该方法主要研究预测顺序量表中的变量问题，是对分类和基于度量回归问题的标准机器学习任务的一种补充；针对特定数据集的分类问题而不是针对所有数据集的分类问题，Joachims[106]提出了直推式支持向量机（Transductive Support Vector Machine，TSVM），它是在标准支持向量机基础上引入直推概念而形成；与 TSVM 对应的半监督支持向量机是 S3VM[107]，它主要解决无标记数据利用问题，以实现利用无标记数据来最大限度地提升分类模型的性能；为了解决不同的实际问题，并进一步提升支持向量机的鲁棒性，根据具体的应用场景提出了不同版本的“鲁棒支持向量机”，Song 等[108]提出了针对图像分类的鲁棒支持向量机，Guo 等[109]根据学习模型可以利用邻居模式提出了新的鲁棒支持向量机；为充分利用数据的流形结构，Belkin 等[110]提出了基于图的半监督支持向量机——LapSVM；与 LapSVM、S3VM 和 TSVM 对应的半监督支持向量机还有基于多视图的半监督支持向量机,Sun 等[111]提出的基于视图构建的多视图支持向量机,Zhang 等[112]提出的快速基于图核的多视图支持向量机;为了能够利用先验知识提出了基于知识的支持向量机,Fung 等[113]先提出了基于知识的线性支持向量机来解决线性分类问题,此后又提出了基于知识的非线性支持向量机[114];为进一步提升知识的利用效果提出了基于不确定知识集的支持向量机[115];在多分类时,为得到每类样本输出的概率大小提出了概率支持向量机[116],同时也有一些学者提出了多标记分类方法[117,118]。

(3)支持向量机最优化问题相关研究

关于这方面的研究主要集中在最优化问题的构建和求解方面。其中,最优化问题构建的代表性文献有:将近似支持向量机与特征选择相结合,研究了稀疏性和求解之间的关系,并对正则化参数和 p 范数进行了选择,从而提出了高效的 p 范数近似支持向量机[119,120];为了形成相对较优的规则库,学者们从支持向量机中提取规则并形成规则库[121-123],为实际应用提供了必要的支持;支持向量机最优模型的选择主要是对相关参数和核函数的选择,通过选择不同的核函数和对应的参数可以构造不同性能的预测模型,通过对参数的选择可以提升其泛化性能和精度[124-126]。关于最优问题求解,除了前面的介绍,与此相关的研究还有针对处理大规模数据问题的最优化问题的求解方法[127-129]等。

2.1.2　支持向量机优势分析

支持向量机是根据统计学习理论中“结构风险最小化原则”,为解决小样本学习问题而提出的统一框架,它具有的优势如下:

①可以在样本数量很少的情况下,得到性能比较好的决策函数。

②对于解决非线性问题,非线性变换是一个很好的方法,而支持向量机可以通过核函数(内积运算)巧妙地解决这一问题,代替了从低维空间到高维空间的非线性变换,避免了“维数灾难”。

③支持向量机的核心是求解一个凸二次规划问题,来最大化决策边界的边缘,这样可以很好地控制支持向量机的分类和回归能力,同时也可

以保证求得的最小值就是全局最小值。

④相对于其他机器学习方法，支持向量机的决策函数只由少数的“支持向量”决定。得到决策函数后，在预测过程中，参与运算的只有少数的“支持向量”，计算复杂度只与“支持向量”的数量有关，而与样本的空间维度无关，在某种程度上可以很好地避免“维数灾难”。

⑤支持向量机最终的决策函数由少数的“支持向量”决定，这不但有利于抓住数据集中的关键样本，也有利于剔除大量的冗余样本，简化了算法，并且具有很好的“鲁棒性”。

⑥很少出现“过拟合”现象。

2.2 个性化推荐系统相关分析

2.2.1 个性化推荐系统模型

随着电子商务和互联网的飞速发展，呈现在人们面前的商品种类和数量越来越多，可以选择的商品也越来越多从繁多的商品中选择自己需要的商品，感到非常困难。而个性化推荐系统可以分析用户的注册信息、购买信息、兴趣特征、浏览信息等，有针对性地为用户提供喜欢的商品列表，这样用户可以在推荐列表中挑选自己所需的商品，而不用在浩瀚的商品中逐个挑选，为用户购买商品提供了很好的参考，在某种程度上提升了用户的购买欲望。

个性化推荐系统主要分为 3 个部分：用户行为记录模块、用户兴趣分析模块和推荐算法模块。利用推荐系统完成一次推荐的流程，如图 2.1 所示。

推荐流程中的相关模块解释如下：

①用户行为记录模块：推荐系统是建立在用户信息基础上，所以建立个性化推荐系统必须对用户的各种行为信息（用户的浏览历史记录、用

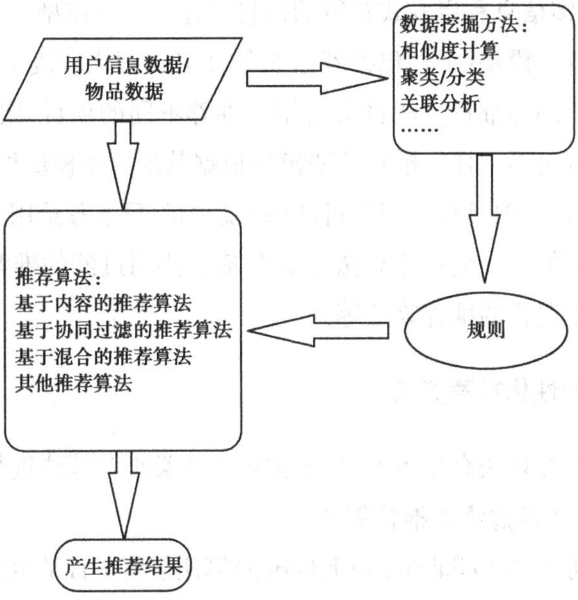

图 2.1 个性化推荐系统流程图

Fig. 2.1 The flowchart of personalized recommendation system

户的打分、用户的收藏、用户的购买记录等)、偏好、兴趣、特征进行收集和记录。收集的用户信息主要包括显式反馈信息和隐式反馈信息等。

获取显式信息的方法主要是通过用户的主动反馈行为,要求用户自己提交各种要求的信息,包括对喜欢项目的描述、对项目的评分等。这种方式获得的信息具有全面、客观、具体、准确和易获取等特点,但是存在一些用户不愿意对需要提交的信息花费过多的时间等问题。而隐式信息的获得不需要用户专门参与,主要是通过系统对用户的行为进行跟踪、记录和收集,然后对获得的数据进行分析和推理,进而获得用户的兴趣和偏好等。这种方式的优点是用户无需专门参与,不浪费用户填写、提交要求的信息所花费的时间,减轻了用户的负担;然而这种方式获得的数据可能存在一些冗余和无关信息,不能很好地反映用户的兴趣爱好,也将影响到学习算法的性能。

②用户兴趣分析模块:为了能准确反映用户的兴趣爱好(具有动态变化、多方面的特性),该模块根据收集的用户数据信息,包括显式反馈

信息、隐性反馈信息和启发式获得的信息等建立一个模型。

③推荐算法模块:个性化推荐系统的性能在很大程度上由推荐算法模块决定。不同的推荐算法将会给用户推荐不同的项目,用户对所推荐项目的满意度也不一样。推荐算法模块根据其他两个模块得到的数据来计算相似度,并将项目集中用户可能感兴趣的项目推荐给用户。

目前常用的个性化推荐算法主要有基于协同过滤的推荐、基于内容的推荐和基于混合的推荐算法等。

2.2.2 个性化推荐算法

个性化推荐算法有很多种,这里主要对3类推荐算法进行介绍。

(1)基于协同过滤的推荐算法

基于协同过滤(Collaborative Filtering)算法借鉴了日常生活中“物以类聚,人以群分”的思想,是目前应用最广泛也是最成功的推荐算法。如果和自己关系很好的朋友购买了某种商品,那么自己也很有可能购买这种商品;如果购买者非常喜欢某种商品,那么与该类商品比较类似的商品,这个用户也很有可能购买。协同过滤的主要思想是发现最近邻和计算相似度,通过计算用户间的相似度来发现相似用户群,然后根据目标用户的相似用户群的兴趣、爱好和评价等,对目标用户的评价进行预测并排序,把排在前N个的项目推荐给目标用户。根据在计算相似度时,过滤的方式不同,协同过滤算法可以分为:基于用户的协同过滤(User-based Collaborative Filtering)和基于项目的协同过滤(Item-based Collaborative Filtering)。

1)基于用户的协同过滤

基于用户的协同过滤也称为“启发式/内存式”方法,主要是通过所有用户的偏好、评分等数据来计算用户间的相似度,然后根据相似度的高低找到与目标用户最相似的前k个用户作为其最近邻用户群,用该最近邻用户群的历史评分数据来预测目标用户对未曾发现的每一个物品的可能评分,根据一定的原则对评分物品进行排序形成物品列表,并将物品列表推荐给目标用户。该推荐方法主要基于两个假设:一是相似用户具有相似的购买行为;二是用户的偏好在一段时间内具有一致性和稳定性。基于用户的协同过滤原理,如图 2.2 所示。

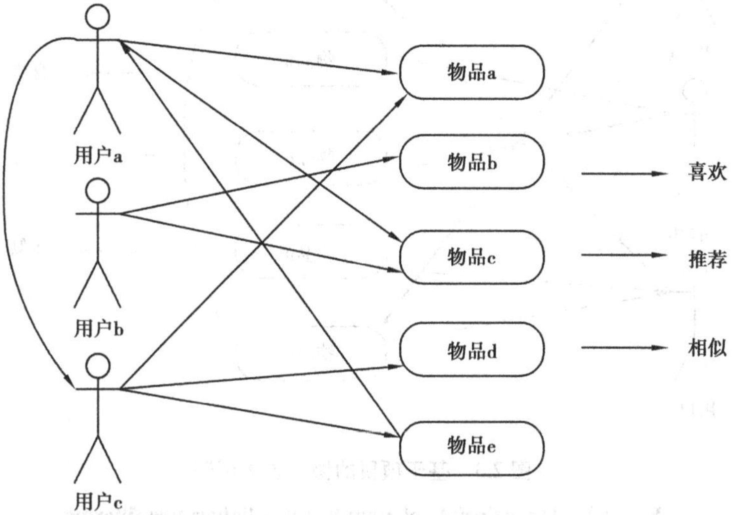

图 2.2　基于用户的协同过滤原理

Fig. 2.2　The principle of User-based collaborative filtering

2) 基于项目的协同过滤

随着互联网和电子商务的飞速发展,数以万计的用户和项目数据需要被计算,计算用户间的相似度变得越来越困难,特别是对实时性要求较高的场景,计算大量的潜在最近邻用户需要付出很高的时间代价,并且计算复杂度与用户数量的平方成正比。因此,基于用户的协同过滤技术基本不适合应用到大型的电子商务网站中。并且用户间的相似性在不同的时间、地点、心情等条件下也在不断地变化,但是项目间的相似性具有一定的稳定性,此时基于项目的协同过滤应运而生,它更适合离线处理,大大提升了算法的扩展性。该方法与基于用户的协同过滤很相似,它是基于项目的相似度进行推荐,认为如果用户喜欢某一类项目,那么与其所喜欢的项目集中类似的项目应该有类似的评分,所以该方法是通过项目来寻找目标用户的类似用户。该方法的目的主要是解决协同过滤算法的扩展性和精确性问题,其原理如图 2.3 所示。

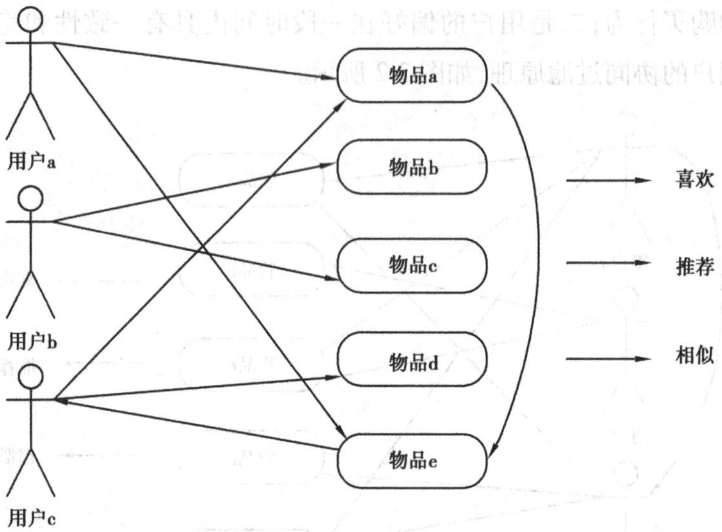

图 2.3 基于项目的协同过滤原理

Fig. 2.3 The principle of Item-based collaborative filtering

基于协同过滤的推荐算法得到广泛的应用与其自身的优点紧密相连。首先,它可以用于非结构化的项目中,例如视频、音乐、图书、艺术品等结构比较复杂,内容难以分析的项目,并且也可以很好发现用户的新兴趣;其次,能有效发现内容上完全不相似的项目,关于推荐的内容,用户事先也无法预知。同时,协同过滤算法会随着用户数量的增加,其推荐性能也在不断地提升,并且是以用户为中心自动推荐,不需要专业的知识。

但是,基于协同过滤的推荐算法也存在一些不足:第一,冷启动问题。对于新用户,因为没有该用户的兴趣和爱好等行为信息,不能为该用户进行正确的项目推荐;对于新项目,由于没有任何用户关于该项目的评分信息,因此无法将该项目推荐给其他用户。第二,稀疏性问题。在实际问题中涉及的用户数量和需要推荐的项目数量都非常大,每一个用户涉及的项目也很有限,造成用户对项目的评分也很有限,形成的评分矩阵也非常稀疏,这样通过计算相似度寻找目标用户相当困难,最终使得推荐性能的降低。

(2)基于内容的推荐算法

基于内容(Content-based)推荐的本质是信息检索技术和信息过滤技术,它通过对用户已选择项目的信息进行分析,获得用户与项目间的偏好关系,从而向用户推荐项目。该算法不是根据用户对项目的评分信息来计算相似度,而是对用户选择的项目信息进行分析(该过程可以形成"配置文件"),然后计算将要推荐的项目和已选择的项目,即计算"配置文件"间的相似性,从而完成推荐。显然在计算相似度前,首先是提取项目的特征描述和用户的兴趣描述,即建立"配置文件"。关于项目特征描述的建立,有很多方法,例如贝叶斯模型、空间向量模型和神经网络模型等;用户的兴趣描述是关于用户对感兴趣项目的描述,并根据这些描述得到用户的兴趣和爱好。所以基于内容推荐的难点是建立"配置文件"。特别对于视频和音频文件,提取其唯一的标示非常困难,建立"配置文件"也非常困难;而对于文本文件,非常容易处理,所以当前很多基于内容的推荐都是对项目的描述进行分析来获得"配置文件"。其推荐原理,如图 2.4 所示。

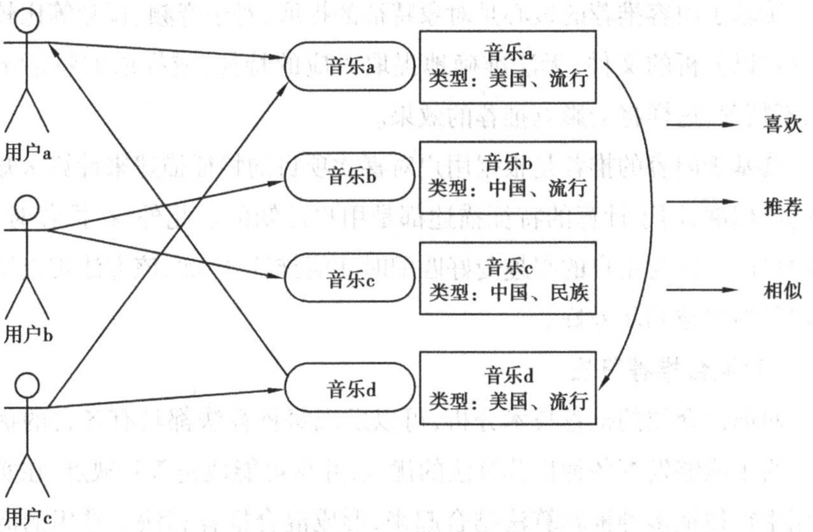

图 2.4　基于内容推荐的原理

Fig. 2.4　The principle of Content-based Recommender

基于内容推荐的算法不关心用户间的关系，对于每个用户都互相独立。在推荐过程中，可以根据用户的反馈信息，进一步提升推荐算法的推荐效果。它主要是面向大规模和超大规模的海量数据，一般这些数据都是半结构化或无结构化，同时提取“配置文件”的过程是对这些文本数据进行处理的过程，并且在推荐过程中过滤掉冗余的信息，从而将符合用户兴趣的项目推荐给用户。

基于内容的推荐系统可以与基于协同过滤的推荐系统进行优点互补。首先，不存在冷启动和数据稀疏性问题。该方法不依赖用户对项目的评分，而靠的是对项目信息的特征描述，并且具有简单、有效等优点，不存在冷启动和数据稀疏性问题。其次，可以很好地推荐新项目。该方法主要依靠对项目特征描述的分析，对新项目可以很好的处理；但是对于新用户，该系统将无能为力。再次，用户的体验度更好。该方法是根据用户对项目描述的分析，得到用户的兴趣和偏好，进而实现个性化的推荐，同时该方法产生的推荐结果具有易懂、易理解和直观等特点。当然，基于内容的推荐系统也存在如下缺点：

①基于内容推荐的核心是对象特征的提取，对于音频、视频等比较复杂且难以分析的文件，无法准确地提取对应的特征，或提取的特征不完备、不精确，这样将会影响推荐的效果。

②基于内容的推荐是根据用户对喜欢项目的特征描述来计算未知项目的相似度，用于计算的特征描述都是用户已知的。此外，在推荐时，只有项目的特征与用户的兴趣爱好匹配时才能推荐，因此，该方法难以发现用户的新兴趣和新爱好。

(3)混合推荐算法

对前面介绍的推荐技术分析，可以发现每种算法都具有各自的优缺点。为了能够发挥各种推荐算法的优点，并尽可能地完善其缺点，在实际应用中往往把多种推荐算法结合起来，形成混合推荐算法。常用的混合推荐技术有基于算法混合的推荐算法和基于推荐结果的混合推荐算法两种。

2.3　基于支持向量机的个性化推荐技术

通过前面的分析发现,基于内容的方法不能解决新用户的推荐问题,因为新用户没有历史喜欢记录,无法计算历史项目与待推荐项目的相似性;基于协同过滤的推荐仅仅是通过分析用户的行为信息并计算相似度为用户提供推荐,而没有真正利用项目的内容属性信息。

如何对用户的相关信息和项目信息进行合理的利用是进行推荐的前提,而这些信息都需要通过一定的技术处理并形成可以分析的形式才行。自然语言处理技术可以对这些信息进行很好的处理,并形成项目信息矩阵和用户信息矩阵,然后对这些信息进行挖掘,以发现用户的兴趣趋向,为用户推荐相应的项目列表。同时,机器学习技术对挖掘隐含在数据中有价值的信息非常有用,并且数据挖掘技术在个性化推荐中也得到了成功的应用。结合个性化推荐的最终形式(预测评分、推荐项目等)和支持向量机在数据挖掘领域(分类和回归)的良好表现,本书提出了采用支持向量机的方法来实现基于用户的人口统计学信息、项目的内容信息和用户的行为信息的个性化推荐。

2.3.1　利用用户的人口统计学信息

个性化推荐的结果不仅与用户的偏好、兴趣有关,同时也和用户的自然属性有关,例如性别、年龄、民族、婚姻、学历、职业、收入、兴趣爱好、国籍和宗教信仰等被称为用户的“人口统计学信息”。

基于人口统计学信息的个性化推荐系统是根据用户提供的资料信息将用户分为不同的类别,并在类别的基础上为用户推荐项目,而不需要利用用户的历史数据。该方法的优点是可以很好地解决注册用户的“冷启动”问题,也就是说新加入一个用户时,系统里并没有关于该用户的任何信息,但是可以根据用户注册时提供的信息来分析并预测其兴趣、爱好为该用户提供推荐。所以，对人口统计学特征进行合理利用并结合用户的行为信息和项目的评分信息等来挖掘用户的兴趣和爱好，将会得到更好的推荐结果。

2.3.2 利用用户的标签信息

用户的实时信息对提升推荐系统的准确性相当有效。在一般情况下，这种实时信息都来自于用户的实时行为和行为作用的项目。此外，用户访问的项目和项目的标签信息在很大程度上表达了用户的实时信息。特别是 Web 2.0 环境下，用户可以通过标签对项目进行标注。标签在推荐系统中实际上是一种特殊的元数据，主要来源于标注者对项目主观感受的概括(可以看作是对项目内容的萃取，同时也反映了用户的个性化偏好)，被用户拿来描述项目和对项目进行分类。关于标签信息，有可能是用户对项目的描述信息，也可能是收藏的项目以便检索，也可能是对项目的评论信息。不管是哪一种信息，用户通过标签信息暴露了自己对某些项目的兴趣和偏好，它是联系项目与用户的纽带，可以用来提升推荐系统的性能。所以，引导和鼓励用户打标签并利用标签进行推荐非常重要。

2.3.3 利用项目的内容信息

项目信息有很多种，不同的项目有对应的描述信息，一些较为常见的项目内容信息，见表 2.1。

表 2.1 常见项目的内容信息

Table 2.1 Content information of common items

项目(items)	内容信息
服装	品牌、分类、款式、价位、尺码、使用对象、版型、简要描述
商品	名称、品牌、类别、价位、生产商、国别
电影	名称、导演、主演、编剧、类型、语言、上映时间、国别、片长
图书	书名、作者、出版社、类别、正文
歌曲	名称、谱曲、填词、演唱者、风格、唱片公司、地区、简介

运用支持向量机对项目的内容信息进行建模，首先要提取项目的信息描述，并形成特征向量。通常采用向量空间模型来描述，并根据项目的关键词形成特征向量。假如项目的内容信息是一些诸如名称、导演、发行公司的实体，就可以直接将这些实体作为关键词。而如果需要处理的项目对象是文本信息，就需要采用自然语言处理技术对其处理，并提取其对应的关键词，这与基于内容的推荐在文本处理方面非常类似。一般采用词频(Term Frequency, TF)和逆向文件频率(Inverse Document Frequency, IDF)对文本的重要性用字词来表示。其中，词频就是给定的字词在文件中出现的频率；逆向文件频率用来衡量一个普通字词的普遍重要性。

2.3.4　基于支持向量机的个性化推荐策略

作为解决“信息过载”问题的重要手段——个性化推荐系统，是通过建立用户和项目之间的二元关系来实现个性化的推荐。首先，对于信息用户，它可以帮助用户发现对自己有价值的信息资源；其次，对于信息提供者，它可以使自己的信息脱颖而出呈现在对它感兴趣的用户面前，实现信息消费者和信息生产者的互利双赢。实现用户和信息间的联系主要是通过图 2.5 中所示的 3 种方式。

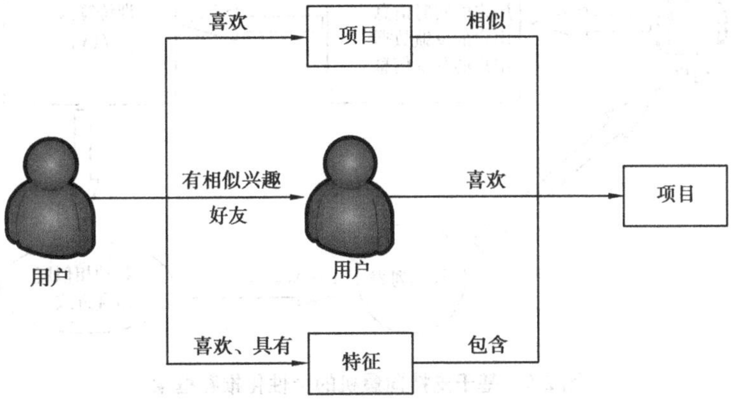

图 2.5　3 种用户和项目间的联系方式

Fig. 2.5　Three kinds of contact between users and items

第一种方式是通过计算与用户喜欢的项目的相似度,推荐与喜欢项目相似度高的项目给用户,实际是基于项目的推荐。第二种方式是通过计算用户的相似度,将相似度高的用户视为有相同爱好的用户,并将这些用户喜欢的项目推荐给该用户,实际是基于用户的推荐。第三种方式是通过对特征信息的分析,为用户推荐与喜欢的项目具有相同或相似特征的项目给用户。经分析发现,这 3 种方式是通过项目的相似特征或用户的相似特征发生关联,即根据当前现有的用户选择过程或相似性关系来挖掘每个用户可能感兴趣的项目,从而实现个性化推荐。本书提出的基于支持向量机的个性化推荐策略就属于第三种方式,即通过对一定的特征进行建模,实现用户和项目偏好之间的映射关系。

基于支持向量机和特征信息的个性化推荐系统,如图 2.6 所示。在这个过程中,关键的步骤有两个:一是特征提取;二是根据特征训练模型并使特征与项目发生一定的映射关系,即实现“特征-项目”之间的关联。

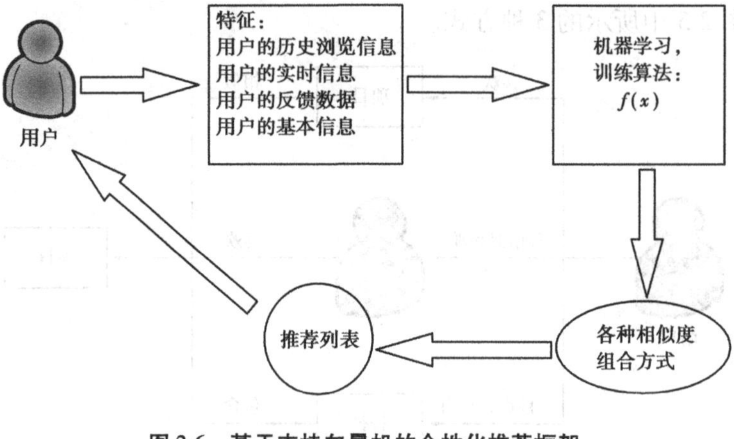

图 2.6　基于支持向量机的个性化推荐框架

Fig. 2.6　Framework for personalized recommendation based on SVM

2.4　评价指标

个性化推荐系统的性能如何,可以通过一定的评价指标来衡量。关于个性化推荐系统的评价指标有很多,有的是通过离线计算得到,有的则是通过定性描述。下面对常用的评价指标[130]进行介绍。

(1)**预测准确度**

衡量一个个性化推荐系统能否对用户的行为进行准确预测的重要度量指标为“预测准确度”。从个性化推荐系统产生以来,该指标一直都用于对个性化推荐系统推荐准确度的衡量,在所有的评价指标中占据重要地位。该指标是通过离线计算实现,也就是将一个数据集分成两部分(即训练集和测试集),训练集主要是用来训练用户的偏好模型,然后在测试集上对该模型进行测试,并将预测结果与真实值进行对比,计算两者之间的误差作为预测准确度。针对个性化推荐系统的不同应用场景,下面对几种常用的预测准确度指标进行介绍。

对于评分预测问题,一般是采用均方根误差(RMSE)和平均绝对误差(MAE)对预测的准确度进行衡量。RMSE 的定义如下:

$$R_{RMSE}=\sqrt{\frac{\sum_{u,i\in T}(r_{ui}-\bar{r}_{ui})^2}{|T|}} \tag{2.1}$$

其中,u 表示用户;i 表示项目;r_{ui}表示用户 u 对项目 i 的真实评分;$\bar{r}_{ui}$表示推荐算法通过一定的计算得到的用户 u 对项目 i 的预测评分;$|T|$为目标用户评分的项目个数。

MAE 则是采用绝对值来预测误差,其定义如下:

$$M_{MAE}=\frac{\sum_{u,i\in T}|r_{ui}-\bar{r}_{ui}|}{|T|} \tag{2.2}$$

对于 TopN 的推荐问题,一般是采用准确率(Precision)和召回率

(Recall)对推荐系统的预测精度进行衡量。

对于用户 u 来讲，召回率又称为"查全率"，其定义为该用户喜欢的项目被推荐的概率。也就是推荐系统提供的推荐项目列表中，用户喜欢的项目数量占系统中该用户喜欢的项目总数的比例，其定义如下：

$$R_{Recall}=\frac{N_{tp}}{B_N}=\frac{N_{tp}}{N_{tp}+N_{fp}}=\frac{\sum_{u\in U}|R(u)\cap T(u)|}{\sum_{u\in U}|T(u)|} \tag{2.3}$$

其中，N_{tp} 表示用户真正喜欢并且推荐给用户的项目数量；N_{fp} 表示用户不喜欢但推荐给用户的项目数量；$R(u)$ 表示根据用户在训练集上的行为信息计算而得到的推荐列表；$T(u)$ 表示根据用户在测试集上的行为信息计算而得到的推荐列表。

推荐结果的准确率又称为"查准率"。对于用户 u 来讲，推荐准确率定义为推荐系统为该用户推荐的 L 个项目中，占该用户喜欢的项目的比例，定义如下：

$$P_{Precision}=\frac{N_{tp}}{L}=\frac{N_{tp}}{n_{tp}+N_{fp}}=\frac{\sum_{u\in U}|R(u)\cap T(u)|}{\sum_{u\in U}|R(u)|} \tag{2.4}$$

(2) **覆盖率**

覆盖率(Coverage)是对一个个性化推荐系统关于冷门项目发现能力进行衡量的一个重要指标。覆盖率越高意味着推荐系统关于长尾项目的发现能力越强(发现冷门项目的能力也越强)。比较常用的覆盖率定义形式如下：

$$C_{Coverage}=\frac{|U_{u\in U}R(u)|}{|I|} \tag{2.5}$$

其中，U 表示用户的集合；$R(u)$ 表示推荐系统为用户推荐的列表；I 表示项目的总列表。

(3) **实时性**

实时性是衡量一个推荐系统对新用户和新产品的及时处理能力，

对于很多大型的网站来讲,是一个重要的指标。例如在电商网站中,假如可以根据用户的浏览行为及时为用户推荐喜欢的商品,在某种程度上,用户会对推荐的列表进一步浏览,很可能会产生购买行为;相反,用户需要在浩瀚的商品中挑选自己所需要的商品,会造成用户的反感。关于个性化推荐系统的实时性主要包括两方面的内容:一是处理用户新需求的能力。用户的爱好和兴趣会随着时间、空间、地点等的变化而变化,此时就要求个性化推荐系统具有较高的实时处理能力,并及时更新推荐列表,以满足用户需求的不断变化,那么通过推荐列表的变化率也可以衡量与用户行为相关的实时性。二是处理新项目的能力。对于新加入的项目,一个好的个性化推荐系统应该是可以很好的将其推荐给对应的用户,这主要是衡量个性化推荐系统在解决项目冷启动方面的能力。

(4)**推荐速度**

个性化推荐系统的推荐时间主要包括两部分:离线建模时间和在线推荐时间。对于基于模型的推荐算法需要在离线状态下建立模型,需要占用大量的时间;而基于内存的方法所消耗的时间主要是在线推荐所需要的时间。此外,还可以通过计算复杂度来衡量推荐系统的执行效率。一个好的推荐系统,应该可以在预测准确度和推荐时间上达到某种平衡,以满足实际的应用场景。

(5)**用户满意度**

用户满意度是推荐系统的关键指标,是衡量推荐系统推荐的列表是否可以满足用户需求的一个重要度量,因为推荐系统的主要目标是推荐的项目应该能够满足用户的需求。关于衡量用户满意度的方法主要有两种:用户调查问卷和在线满意度测评。例如一些视频网站对推荐的视频旁边设置满意和不满选项;一些电子商务网站通过计算所推荐的商品被购买的次数等来衡量用户的满意度。

2.5　本章小结

本章首先对支持向量机的相关研究进行了综述；然后，对支持向量机的优势进行了分析；接着对个性化的推荐模型和推荐算法进行了阐述和分析，并在此基础上详细地介绍了基于支持向量机的个性化推荐方法；最后，介绍了个性化推荐系统常用的评测指标。

第 3 章 基于支持向量分类机的推荐方法

个性化推荐是解决信息过载的有效方法已被广泛应用于电子商务、新闻资讯、电影推荐等诸多领域,该方法根据对用户显性和隐性的偏好、其他用户的偏好,以及项目和用户的属性等的分析,为用户推荐感兴趣的项目。在推荐系统中,最常见也是最常用的推荐技术就是基于内容的推荐和基于协同过滤的推荐。其中,前者是分析推荐项目的内容,并对项目的特征描述进行提取,然后根据用户感兴趣的项目内容建立用户模型,进而得到基于项目内容的用户兴趣特征描述,最后计算待推荐项目的特征与用户兴趣描述之间的相似度,并将具有最大相似度的项目推荐给用户;而后者则是根据用户的历史评分信息等计算用户间的相似度,并将相似度高的用户作为该用户的最近邻用户,然后根据最近邻用户对项目的评分预计来测该用户关于项目的喜好程度,进而实现个性化的推荐。即使基于内容的推荐可以唯一表征每一个用户,但是该方法与基于协同过滤的推荐相比,不能实现基于协同过滤推荐(图 3.1)的以下优点:

①基于协同过滤的推荐在解决那些内容难以自动分析的项目的推荐问题(即项目的特征信息不容易获取,并且分析比较困难)时,相当有效,但是基于内容的推荐处理起来相对比较困难,例如音频、视频等。

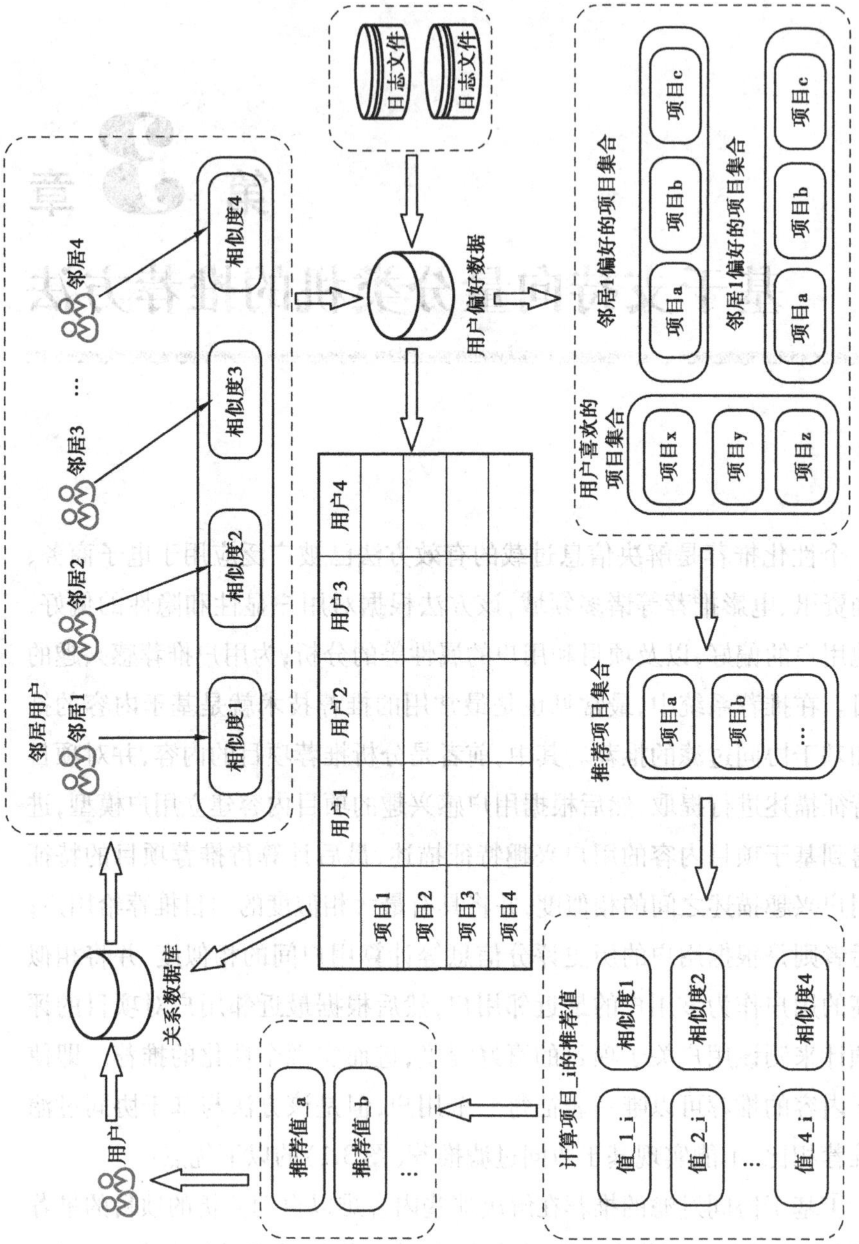

图3.1 基于协同过滤的推荐

Fig. 3.1 Collaborative filtering-based recommendation

②基于协同过滤的推荐可以实现基于品位和品质来推荐项目的能力。

③基于协同过滤的推荐具有发现新项目和新兴趣的能力,但是基于内容的推荐存在“用户冷启动”问题,即对于新用户,由于系统没有这些用户关于项目的偏好信息,所以不容易发现这些用户新的兴趣和爱好。

基于协同过滤的推荐可以分为基于项目的协同过滤和基于用户的协同过滤,其关键都是相似度计算。目前常用的相似度计算方法有欧氏距离、皮尔逊相关系数、余弦相似度、Tanimoto 系数等。分析这些方法可以发现存在以下问题:

①计算相似度所需要的时间代价高。假设有 m 个用户,在计算当前活跃用户的相似度时,需要计算与其他 $m-1$ 个用户之间的相似度,对应的时间复杂度为 $O(m \cdot n)$;当需要对所有的用户进行推荐时,需要对整个稀疏矩阵进行遍历,计算每两个用户间的相似度,对应的时间复杂度为 $O(m^2 \cdot n)$。从而可知,当用户的数量非常庞大时,计算复杂度将会很高,并且与用户数量的平方成正比。

②计算相似度的方式比较单一。

③不易利用用户的人口统计学信息。在现实应用中,用户的人口统计学信息在很大程度上反映了用户的偏好,对发现用户的真实偏好和感兴趣的项目很有效,并且可以对推荐的项目作出合理的解释。

④与用户的人口统计学信息一样,具有异曲同工之处的是用户的标签信息,它对发现用户的偏好和兴趣也很重要。在实际应用中,用户一般会对购买的商品打上一些标记信息,这些信息可能是用户对商品的描述信息,也可能是收藏商品以便检索,还可能是对商品的评论信息和评分信息等。并且这些信息在很大程度上都反映了用户的某种偏好,对提高推荐质量特别有利。

推荐系统中经典的应用技术和方法来源于其近似的领域,例如人机交互和信息检索等。然而大多数系统的核心算法,可以理解为一个特定实例的数据挖掘问题。数据挖掘技术在个性化推荐方面的应用也有很多,例如基于 BP 神经网络、基于线性回归、基于 KNN 模型、基于贝叶斯分类和基于决策树的个性化推荐等。

结合对以上方法存在问题的分析和数据挖掘技术在个性化推荐领域中的成功应用,为更好地利用项目的内容信息,用户的人口统计学信息(解决“用户冷启动”问题),用户的行为信息和用户的标签信息(反映用户的某种偏好),降低推荐模型的计算复杂度,提出了基于支持向量分类机的个性化推荐,代替传统的相似度计算,从而实现基于分类模型的个性化推荐。同时,考虑参数选择对支持向量机性能的影响,提出了带收缩因子的动态惯性权重自适应粒子群优化算法(Contraction Factor-Dynamic Inertia Weight Adaptive Particle Swarm Optimization, CF-IWA PSO)对支持向量机参数进行优化,从而得到优化的推荐模型。

3.1 支持向量分类机算法在个性化推荐应用中的分析

在个性化推荐领域,支持向量分类机也有很多应用。将用户反馈和 SVM 相结合,并在用户的观看历史记录上训练一个电视节目推荐系统,最终为用户推荐个性化的电视节目[131]。为更好地向用户推荐电影,根据电影信息和用户对电影信息提问的回答,Eyrun 等[132]提出采用机器学习和聚类分析的混合推荐,该系统采用用户的个人信息,并使用训练好的 SVM 模型预测用户对电影的喜好;为满足用户对音乐检索的需要,Han 等[133]提出了基于情感分类和上下文感知的音乐推荐,该方法融入了情感模型分析和上下文分析,并采用 SVM 进行分类达到理想的推荐效果;为改进现有推荐算法的性能,以往基于专家的推荐系统研究都是利用专家知识,但以前基于专家的推荐系统被限制在相同的专家为所有用户提供建议,为此假设每一个用户都需要不同类型的专家帮助它们,提出了基于 SVM 的个性化专家鉴别系统[134],实现个性化的推荐;随着电子商务的快速发展,个性化的服务需要越来越迫切,罗奇等[135]提出了一种基于支持向量机的自适应推荐算法,该方法首先将用户模型按照层次化组织成原子需求和领域信息,并采用SVM对这些信息进行分类,协同推荐,此后依据每个领域信息节点中的原子信息需求采用基于内容的推荐策略,该方法比单独采用基于协同过滤或基于内容的推荐效果要好。移动网络的发展对个性化移动网络服务系统提出了更高的要求,然而当前的研究几乎很难实现自适应的修改移动用户的上下文环境为移动用户提供准确、实时的个性化移动服务,史艳翠等[136]提出了一种基于上下文环境的移动用户偏好自适应学习模型,可以在保证推荐准确率的前提下,提高学习的响应时间。除基于支持向量分类机的个性化推荐外,还有基于关联规则的分类、线性分类、贝叶斯分类、神经网络分类的个性化推荐方法等。

根据上述支持向量分类机算法在个性化推荐领域中的成功应用,本章利用用户信息和项目的内容信息,提出了优化支持向量分类机的个性化推荐算法。在建立模型时,不是仅考虑用户或项目一方面的信息,而是综合考虑多方面的信息;同时,为提高分类模型的精度,采用改进的粒子群优化算法对模型进行优化,提高模型的推荐质量。

3.2　支持向量分类机和参数优化对象

3.2.1　支持向量分类机

支持向量机(Support Vector Classifier Machine,SVM)主要分为:线性分类和非线性分类两种情况。对于线性可分,用图3.2来解释。图3.2中的五边形和正方形对应的是正类和负类两种类别(本书用“-1”表示负类,用“+1”表示正类);H表示分类超平面(hyper-plane),H_1和H_2都平行于分类超平面,并称分别通过各分类边界且距离分类超平面最近的样本之间的距离为“分类间隔”。通过观察图3.2,可以发现将两类数据进行

正确划分的分类超平面有很多,那么就需要得到这样的超平面可以将两类样本正确划分,训练误差为零,并且使得分类间隔最大,则称这样的超平面为"最优分类超平面",也就是最大化 $1/2\|\omega\|$。

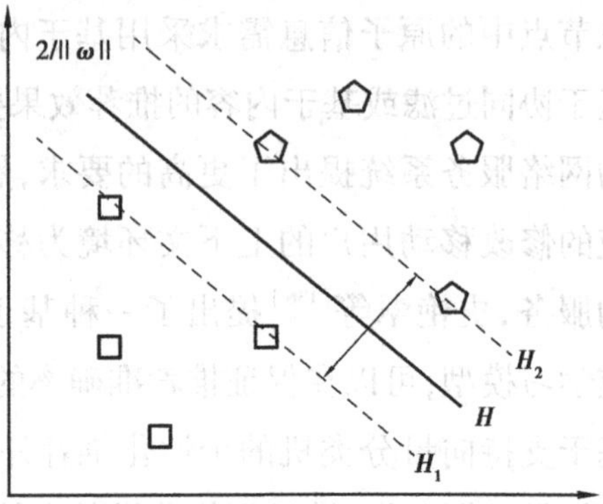

图 3.2　支持向量机最优超平面

Fig. 3.2　The optimal separating hyper-plane of SVM

对于样本集 $\{(x_i,y_i)\}$,其中,$x_i\in R^n$,$y_i\in\{+1,-1\}$,$i=1,\cdots,l$。若存在 $\omega\in R^n$,$b\in R$ 和正数 ε,使得对于所有的下标 i,当 $y_i=+1$ 时,$(\omega\cdot x_i)+b\geqslant\varepsilon$;当 $y_i=-1$ 时,$(\omega\cdot x_i)+b\leqslant-\varepsilon$。进而可以得到统一的表达式 $y_i(\omega_i\cdot x+b)\geqslant 1$,$i=1,\cdots,l$,此时分类器的间隔就为 $2/\|\omega\|$,最小化 $\|\omega\|^2$ 等价于最大化间隔。进而可知,使 $1/2\|\omega\|^2$ 最小化并且满足 $\omega\cdot x+b=0$ 的分类超平面就是"最优分类超平面",即图 3.2 中的最优分类超平面。与之对应的位于超平面 H_1 和 H_2 上的训练样本点称为"支持向量"。

为推导出最小化问题的对偶问题,引入拉格朗日函数,得到下面的表达式:

$$L(\omega,b,\alpha)=\frac{1}{2}\|\omega\|^2-\sum_{i=1}^{l}\alpha_i[y_i(\omega_i\cdot x+b)-1] \tag{3.1}$$

其中,$\alpha=(\alpha_1,\cdots,\alpha_l)$ 是拉格朗日乘子向量。对式(3.1)两边的 ω 和 b 分别求偏导数,并令 $\frac{\partial L}{\partial\omega}$ 和 $\frac{\partial L}{\partial b}$ 等于零,从而可得:

$$\frac{\partial L}{\partial \omega} = 0 \Rightarrow \omega = \sum_{i=1}^{l} \alpha_i y_i x_i \tag{3.2}$$

$$\frac{\partial L}{\partial b} = 0 \Rightarrow \sum_{i=1}^{l} \alpha_i y_i = 0 \tag{3.3}$$

并将其带回 L 中，可得：

$$\begin{aligned} L(\omega, b, \alpha) &= \frac{1}{2} \sum_{i=1}^{l} \sum_{j=1}^{l} \alpha_i \alpha_j y_i y_j x_i x_j - \sum_{i=1}^{l} \sum_{j=1}^{l} \alpha_i \alpha_j y_i y_j x_i x_j - \\ &\quad b \sum_{i=1}^{l} \alpha_i y_i + \sum_{i=1}^{l} \alpha_i \\ &= \sum_{i=1}^{l} \alpha_i - \frac{1}{2} \sum_{i=1}^{l} \sum_{j=1}^{l} \alpha_i \alpha_j y_i y_j x_i x_j \end{aligned} \tag{3.4}$$

此时，可以得到关于对偶变量 α 的优化问题：

$$\max \sum_{i=1}^{l} \alpha_i - \frac{1}{2} \sum_{i=1}^{l} \sum_{j=1}^{l} y_i y_j (x_i \cdot x_j) \alpha_i \alpha_j \tag{3.5}$$

约束条件为：

$$\sum_{i=1}^{l} \alpha_i y_i = 0, i = 1, \cdots, l \text{ 和 } a_i \geqslant 0 \tag{3.6}$$

式(3.5)和式(3.6)为凸二次规划问题，并且存在唯一解。如果该凸二次规划问题的最优解为 α_i^*，则有：

$$\omega^* = \sum_{i=1}^{l} \alpha_i^* y_i x_i \tag{3.7}$$

其中，$\alpha_i^* \neq 0$ 对应的是“支持向量”，从而可得到决策函数为：

$$f(x) = \operatorname{sgn}[(\omega^* \cdot x) + b] = \operatorname{sgn}\left(\sum_{i=1}^{l} y_i \alpha_i^* (x_i \cdot x) + b\right) \tag{3.8}$$

通过式(3.8)可以发现，对于新来的预测样本点 x，只需计算它与训练数据的内积即可[其中 $(x_i \cdot x)$ 表示向量的内积运算]。这对支持向量机非常重要，其原因是它采用核函数(Kernel Function)推广到非线性分类的前提基础。进一步观察，“支持向量”也可以在这里显现出来。实际上，对于所有的非支持向量来讲，其对应的系数 α 都为零。所以，对于新来的样本数据计算内积时，实际上只需要针对少量的“支持向量”，而不是对所有的训练样本数据。经过上面的分析可以发现,支持向量机在分类时,起到关键作用的只有少数的样本,即“支持向量”,其他的训练样本成为了“后方样本点”,对分类超平面没有影响,因为分类完全是由分类超平面决定,所以这些后方的点并不参与分类问题的计算,也就不对分类产生任何影响。

上面介绍的是数据中不存在噪声的情况。而噪声的存在可能对支持向量机的影响很大,毕竟超平面本身是由少数的几个“支持向量”决定,如果在这些“支持向量”中存在噪声,那么其影响就更大。在图 3.3 中,黑色圆圈圈起来的蓝色样本数据点就是一个噪声点,它偏离了应该所在的分类区域,导致了分类超平面被挤歪,也就是变成了图中黑色的虚线,此时,分类间隔也相应变小。更为极端的情况,将该离群点移的更靠右上角,那么将导致根本无法构造分类超平面。

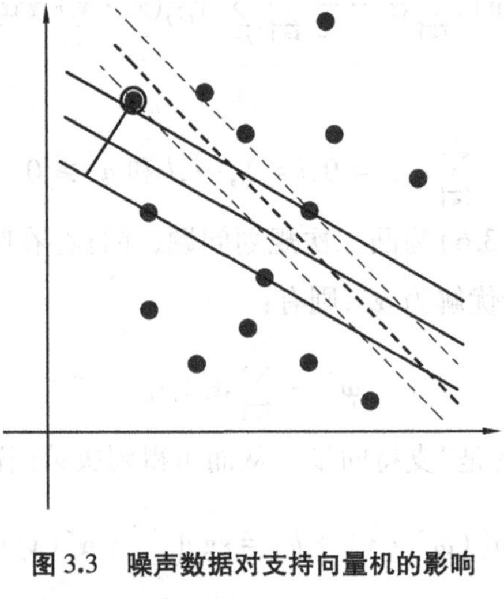

图 3.3　噪声数据对支持向量机的影响

Fig. 3.3　The effects of noise data on SVM

为了能够很好地处理这种情况,在支持向量机中引入松弛变量,就可以允许数据点在一定程度上偏离分类超平面。例如,图 3.3 中,黑色实线对应的距离就是该离群点的偏离距离,如果把它移动回来,就恰好落在原来的分类超平面上,而不会引起分类超平面发生变形。也就是说,为解决两类样本点不能被分类超平面完全划分的情况,且希望在推广能力和经验风险之间取得某种平衡,则可以引入松弛变量 ξ_i,那么此时的分类超平面 $\omega \cdot x+b=0$ 满足:

$$y_i(\omega \cdot x_i + b) \geqslant 1 - \xi_i, i = 1,\cdots,l \tag{3.9}$$

为了避免松弛变量 ξ_i 取值过大,需要在目标函数 $1/2\|\omega\|^2$ 中引入惩罚项 $c\sum_{i=1}^{l}\xi_i$,从而式(3.1)转化成了下面的最优化问题:

$$\begin{aligned} &\min_{\omega,b,\xi} \frac{1}{2}\|\omega\|^2 + c\sum_{i=1}^{l}\xi_i \\ \text{使得}\quad &y_i(\omega_i \cdot x + b) \geqslant 1 - \xi_i \\ &\xi_i \geqslant 0, i = 1,\cdots,l \end{aligned} \tag{3.10}$$

其中,$c>0$ 是惩罚因子,用来控制对错分样本的惩罚程度。

采用前面类似的方法可求得最优分类超平面:

$$f(x) = \operatorname{sgn}[(\omega^* \cdot x) + b^*] \tag{3.11}$$

对于非线性分类情况,从理论上讲,可以通过某种非线性变换将其转化为高维空间中的线性可分问题,并在该变换空间中求得最优分类超平面。但在一般情况下,这种非线性变换相当复杂,而支持向量机可以通过核函数变换,巧妙地解决这个问题。

假设存在变换 $\phi: R^n \to H, x \mapsto \phi(x)$,使 $K(x,x') = \phi(x) \cdot \phi(x')$,其中,$(\cdot)$ 表示向量的内积运算。根据泛函相关理论,如果核函数 $K(x,x')$ 满足 Mercer 条件,那么它就对应某一变换空间中的内积[137]。所以,选择合适的内积函数 $K(x,x')$ 就可以实现某一非线性变换后的线性分类,进而避免维度灾难,此时式(3.1)可以转换为:

$$\begin{aligned} &\min_{\omega,b,\xi} \frac{1}{2}\sum_{i=1}^{l}\sum_{j=1}^{l} y_i y_j \alpha_i \alpha_j [\phi(x_i) \cdot \phi(x_j)] - \sum_{i=1}^{l}\alpha_j = \\ &\min_{\omega,b,\xi} \frac{1}{2}\sum_{i=1}^{l}\sum_{j=1}^{l} y_i y_j \alpha_i \alpha_j K(x_i,x_j) - \sum_{i=1}^{l}\alpha_j \end{aligned} \tag{3.12}$$

对应的决策函数为:

$$f(x) = \operatorname{sgn}\left(\sum_{i=1}^{l}\alpha_i^* y_i K(x_i,x) + b^*\right) \tag{3.13}$$

在实际应用中,经常采用的核函数有:

线性核函数(Linear Kernel Function):

$$K(x,x') = x \cdot x' \tag{3.14}$$

多项式核函数(Polynomial Kernel Function):

$$K(x,x') = [(x \cdot x') + 1]^d \tag{3.15}$$

高斯径向核函数(Gauss Kernel Function):

$$K(x,x') = \exp(-\| x - x' \|^2/\sigma^2) \tag{3.16}$$

两层感知核函数(Two Layers Perception Kernel Function):

$$K(x,x') = \tanh(kx \cdot x' - \sigma) \tag{3.17}$$

关于核函数的选择,要根据实际问题,同时也要对其对应的参数进行合理选择才可以达到理想的效果。

3.2.2 参数选择对 SVM 性能的影响

虽然 SVM 在解决小样本、非线性、高维度问题时相当有效,且可以很好地克服局部极小值,但也存在一些需要改善的地方。在利用 SVM 进行分类时,往往解决的是非线性问题,这时线性分类模型将不能满足实际需要,就需要通过选择核函数实现非线性映射。这样对 SVM 性能的影响就由对应的 3 个参数决定,包括:对错分样本的惩罚因子 c,ε 不敏感损失函数和核函数的参数 σ,那么如何选择 3 个参数成了研究的重点,下面分析这 3 个参数对 SVM 性能的影响。

①惩罚因子 c 对 SVM 性能的影响。惩罚因子 c 的作用是通过调节预测模型的置信风险和经验风险之间的平衡,使两者达到某种折中,从而使 SVM 具有较好的推广能力。c 值的选择与数据集紧密相关,不同的数据集对应不同的 c 值。在给定的数据集上,c 值越大,对经验误差的惩罚度就越大,那么预测模型的复杂度就越高,而经验风险就越小;反之亦然。当 c 值增大到一定程度时,那么预测模型的复杂度达到了数据空间所允许的极限,此时预测模型的预测能力将会保持不变,同时其推广能力(也就是"经验风险")也将保持几乎不变。对于每一个数据集,至少存在一

个最优的 c 使得预测模型的推广能力达到最优。

②ε 不敏感损失函数对 SVM 性能的影响。ε 不敏感损失函数决定了"支持向量"的数量(也称为"稀疏程度")和泛化能力,控制着预测函数拟合误差的高低,反映了预测函数对输入向量所含噪声的敏感程度。当 ε 值越大,支持向量的数量就越少,但是预测函数的预测精度就会降低,SVM 的稀疏度也越大;当 ε 值越小,支持向量的数量就越多,预测函数的预测精度也将提高。

③核函数的参数 σ 对 SVM 性能的影响。参数 σ 决定了 SVM 的学习程度,影响着样本数据在高维空间中的分布复杂度,它的变化从本质上是对映射函数的隐含改变,从而改变数据在样本空间中的维度。而在该空间中,可以构造的线性分类器的最大 VC 维由样本空间的维度直接决定,即决定了线性分类器最终可以达到的最小经验误差。当 σ^2 值比较大时,对应的样本输出区间也越大,得到的最优分类超平面对应的结构风险也越小,反而经验风险将增大;当 σ^2 值比较小时,对应的样本输出区间也越小,得到的最优分类超平面对应的经验风险将减小,反而结构风险将增大,而且会出现过拟合现象,降低了 SVM 的分类性能。因此,选择合适的 σ^2 值对 SVM 性能的提升特别重要。

总之,当 c 值过小时,容易出现过学习现象,导致 SVM 的预测模型达不到较好的预测精度,同样当 σ^2 过大时,也会导致过学习现象。所以当给定 ε 时,如果能找到合适的参数 c 和 σ^2,就能得到预测精确较高的模型。

通过上面的分析可以发现,选择合理的参数值对保证 SVM 的预测精度有重要的作用。而核函数是 SVM 的核心,并且核参数的选择在很大程度上决定了 SVM 的预测性能,因此,参数的选择非常重要。

当前,很多参数优化方法被应用到 SVM 参数优化中,其中,常用的方法有基于梯度下降的参数选择方法[138]、基于蚁群算法的参数选择方法[139]、基于网格的参数优化方法[140]、基于遗传算法的参数优化方法[141]。但是基于梯度下降的方法是一种线性搜索法,在初始值选择不当时，易陷入局部最优；基于蚁群的方法存在初始信息匮乏，求解速度慢的缺陷；网格方法存在计算量大、学习精度低的缺点；基于遗传算法的方法存在操作复杂，对不同的问题需要设计不同的交叉或变异方式。而粒子群优化(PSO)算法具有大范围全局搜索能力；搜索从群体出发，具有隐并行性；搜索使用评价函数值启发；收敛速度快，参数调整简单；具有扩展性，容易与其他算法结合等优点[142]。因此，本章采用改进的PSO算法对SVM的参数进行优化。

3.3 粒子群优化(PSO)算法提升SVM的分类性能

3.3.1 粒子群优化算法

粒子群优化(Particle Swarm Optimization，PSO)算法是通过模拟鸟群觅食行为而发展起来的一种基于群体协作的随机搜索算法。算法初始化为一群随机粒子(随机解)，然后通过不断迭代寻找最优解[143]。具体描述如下：

初始化一群随机粒子，设有 n 个，即种群 $X=(X_1,X_2,\cdots,X_n)$。其中，第 i 个粒子表示为一个 D 维向量：$X_i=(x_{i1},x_{i2},\cdots,x_{iD})$，代表第 i 个粒子在 D 维搜索空间中的位置，也代表问题的一个“潜在解”。根据目标函数可以计算出每个粒子位置 X_i 对应的“适应度函数值”。第 i 个粒子的速度为：$V_i=(v_{i1},v_{i2},\cdots,v_{iD})$。在每一次迭代过程中，粒子通过跟踪两个“极值”来更新自己：第一个就是粒子本身所找到的最优解，这个解称为个体极值 $P_i=(p_{i1},p_{i2},\cdots,p_{iD})$；第二个极值是整个种群目前找到的最优解，这个极值称为全局极值 $P_g=(p_{g1},p_{g2},\cdots,p_{gD})$。在找到这两个最优值前，粒子根据如下两个公式来更新自己的速度和位置。如此迭代直到设定的最大迭代次数，或当前群体最优位置的适应度函数值等于预先设置的最小值。

$$v_{id}^{l+1} = w \times v_{id}^{l} + c_1 \times rd_1^l \times (p_{id}^l - x_{id}^l) + c_2 \times rd_2^l \times (p_{gd}^l - x_{id}^l) \tag{3.18}$$

$$x_{id}^{l+1} = v_{id}^{l+1} + x_{id}^{l} \tag{3.19}$$

其中,w 是惯性权重,其值非负,且大小影响整体的寻优能力;c_1 和 c_2 是学习因子(也称为加速度常数);rd_1^l 和 rd_2^l 是区间[0,1]上的随机数;l 表示当前的迭代次数;x_{id}^l是粒子 i 在第 d 维空间的位置表示支持向量机参数 c,σ 和 ε 的当前值;$v_{id} \in [v_{\max}, v_{\min}]$是粒子的速度,决定下一代的 c,σ 和 ε更新方向和大小。

惯性权重 w 体现了粒子的当前速度在多大程度上对先前的速度进行了继承,并且惯性权值越大越有利于“全局搜索”,而权值越小越有利于“局部搜索”。为了对算法的全局搜索与局部搜索能力进行很好的平衡,广泛采用的方法是线性惯性权重递减策略,即

$$w(k) = w_{\text{start}} - \frac{k * (w_{\text{start}} - w_{\text{end}})}{T_{\max}} \tag{3.20}$$

其中,k 为当前迭代次数;$T_{\max}$为最大迭代次数;w_{start}为初始权重;w_{end}为迭代至最大次数时的权重(它们分别为设定的惯性因子最大和最小值)。

3.3.2　带收缩因子和动态惯性权重的自适应 PSO 算法

因为标准粒子群优化算法存在早熟收敛(陷入局部最优解)、后期迭代精度不够和进化速度慢等缺点,那么如何改善算法的不足,使算法可以在全局搜索能力和局部搜索能力之间达到一定的平衡,就需要对粒子更新速度方程(3.18)中的 3 个子项进行调整,来改变粒子的速度更新方式。在种群迭代的过程中,全局最优解 P_g在整个算法的迭代过程中是考虑的重心,因为在 P_g附近可能存在整个数据集的真实全局最优解,但是对于位置为 P_g的粒子来讲,其速度的更新和改变仅仅由对应的惯性权重 w 决定。此外,一个优秀的进化算法所具有的性质是在算法迭代的早期具有很强的全局搜索能力,同时在算法的后期具有较高精度的局部搜索能力,但是对于粒子群优化算法,惯性权重是平衡算法全局搜索能力和局部搜

索能力的关键因素，所以，需要对标准粒子群优化算法的惯性权重 w 进行必要的改进，以提高算法在迭代过程中的性能，保证其可以找到全局最优解。

同时，线性权重递减策略存在收敛速度慢、后期全局搜索能力下降、容易陷入局部最优解等缺点。本章提出了惯性权重 w 随迭代次数而自适应变化的调整策略，这样在算法迭代初期，w 可以在较长时间内保持较大的值，使算法具有较强的全局搜索能力并且搜索速度也加快，加大了算法的收敛速度；而在算法迭代后期，w 将在较长时间内保持较小的值，以提高算法的局部搜索能力和搜索精度，加快了发现全局最优解的速度。通过这样的策略可以保证在算法迭代的早期具有较强的全局搜索能力，而在后期具有较强的局部搜索能力和较高的搜索精度。惯性权重 w 自适应更新方程如下：

$$w(k)=\begin{cases}\dfrac{2k^2(w_{\text{end}}-w_{\text{start}})}{T_{\max}^2}+w_{\text{start}}, & \text{当 } k\leqslant\dfrac{1}{2}T_{\max}\text{ 时}\\[2ex] \dfrac{2(k^2-T_{\max}^2)(w_{\text{start}}-w_{\text{end}})}{T_{\max}^2}+w_{\text{end}}, & \text{当 } k>\dfrac{1}{2}T_{\max}\text{ 时}\end{cases}\tag{3.21}$$

其中，$w(k)\in[0.4,0.9]$；k 为当前迭代次数；$T_{\max}$为最大迭代次数。

为进一步改善标准粒子群优化算法的收敛速度，利用其他学者们采用的方法，本章也利用带有收缩因子χ 的速度进化方程对式(3.18)进行变换：

$$\begin{aligned}v_{id}^{l+1}=\chi\{w\times v_{id}^{l}+c_1\times rd_1^l\times(p_{ij}^l-x_{ij}^l)+\\ c_2\times rd_2^l\times(p_{gj}^l-x_{ij}^l)\}\end{aligned}\tag{3.22}$$

其中，χ 的表达式为：

$$\chi=\frac{1}{\left|2-\phi-\sqrt{\phi^2-4\phi}\right|},\phi=c_1+c_2,\phi>4\tag{3.23}$$

通过在标准粒子群优化算法中引入收缩因子和对惯性权重 w 进行改进，可以保证改进的粒子群优化算法不但具有较好的全局搜索能力，而且也可以保证其局部搜索精度,进一步改善了算法的收敛速度,称改进的粒子群优化算法为带收缩因子的动态惯性权重自适应粒子群优化算法。

3.3.3　算法描述

在本章的研究中,选择 Gaussian 核函数作为 SVM 分类模型的核函数,那么核函数的宽度 σ,惩罚参数 c 和 ε 不敏感参数就是优化的对象。考虑 CF-IWA PSO 算法具有较强的全局搜索能力且可以帮助算法很快找到最优参数。所以,采用 CF-IWA PSO 算法来确定 SVM 分类模型的参数,具体流程如图 3.4 所示。

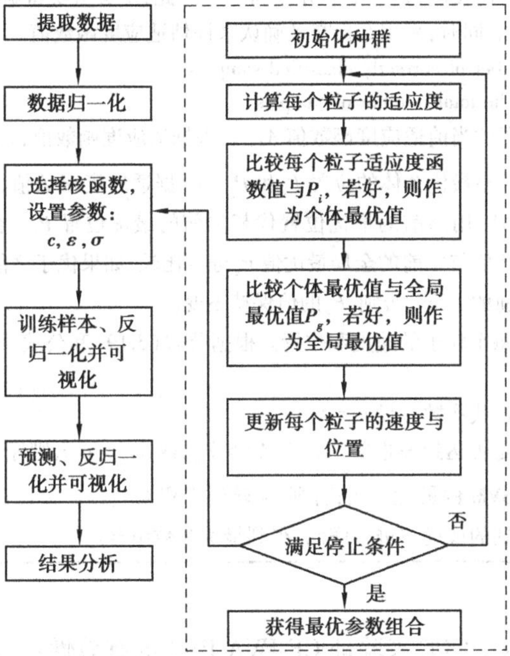

图 3.4　基于 PSO 优化的 SVM 分类流程

Fig. 3.4　SVM classification process based on PSO optimization

基于 CF-IWA PSO 算法的参数优化 SVM 分类模型(CF-IWA PSO-SVM)的详细流程,见表 3.1。

表 3.1 基于 CF-IWA PSO 算法的参数优化 SVM 分类模型的步骤

Table 3.1 The process of CF-IWA PSO-SVM

步骤 1:读取数据集。将数据集分成两部分:一部分是训练数据集;一部分是测试数据集。然后对数据集进行预处理。
步骤 2:初始化 PSO,初始化所有的粒子。初始化 PSO 的参数,包括每个粒子的速度向量 $V_i=(v_{i1},v_{i2},\cdots,v_{id})$ 和位置向量 $X_i=(x_{i1},x_{i2},\cdots,x_{id})$;设置加速度系数 c_1, c_2,粒子的维度,最大迭代次数 $T_{\max}$ 和 $[0,1]$ 的随机数 rd_1, rd_2。
步骤 3:设置 P_i 和 P_g 的值。设粒子 i 的当前最优位置为 $X_i=(x_{i1},x_{i2},\cdots,x_{id})$,也就是 $P_i=X_i(i=1,\cdots,n)$,并且将种群中的最优个体作为当前的全局最优 P_g 值。
步骤 4:定义和评估适应度函数值。由于该模型针对的是个性化推荐结果:推荐与不推荐两种情况的预测,是一个二分类问题。因此,定义分类准确率作为适应度函数值,如下式所示。同时,采用 5 折交叉确认来评估适应度函数值。 $A_{Acc}=\dfrac{\text{The number of correctly classified samples}}{\text{The total number of samples}}$ 计算每个粒子的当前适应度函数值 A_{Acc_i}。根据适应度函数值,粒子的历史最优值和全局最优值来调整最优个体的位置 P_i 和 P_g。根据适应度函数值,如果当前位置优于当前最优位置 P_i,用当前的最优位置代替之前的最优位置 P_i。否则,P_i 将保持不变。选择最大的 P_i 值与之前的全局最优值 P_g 进行比较,如果优于之前的 P_g 值,则用选择的 P_i 值代替之前的 P_g 值;否则,P_g 的值保持不变。
步骤 5:更新每个粒子的速度和位置。根据公式(3.19)和公式(3.22)搜索更好的 c,σ 和 ε。
步骤 6:修改迭代次数。设 $t = t+1$。
步骤 7:判断是否达到停止条件。如果 $t > T_{\max}$ 或 $A_{Acc_i} > acc$,则停止迭代,并且输出 P_g 最优值解代表 SVM 的最优参数;否则,跳转到步骤 4。
步骤 8:对得到的最优解进行解码,得到最优参数组合。

下面通过两个实验来验证 CF-IWA PSO 的有效性:一是测试 CF-IWA PSO 优化算法在 SVM 分类模型性能优化方面的作用;二是将优化的 SVM 分类模型应用到 Movielens 数据集的个性化推荐中,并对推荐的效果进行评估。

3.4　分类准确率实验结果与分析

3.4.1　实验数据集

为测试 SVM 的分类准确率，采用 UCI 数据库中的部分数据集来验证[144]。UCI 数据库是由加州大学欧文分校建立，用于机器学习研究，到目前总共收集了 307 个数据集，还在不断增加。选择其中 5 个数据集作为测试集，且都是分类问题。每个数据集都包括两个文件：一个是 *.data 文件，用于描述记录的“属性-值”对；另一个是 *.info 文件，用于对 *.data 文件的说明，是一个补充文件。选择的 5 个数据集，见表 3.2。

表 3.2　UCI 数据集描述

Table 3.2　The description of UCI data sets

data set	attribute	size	class
Diabetes	8	768	2
Wine	13	178	3
Iris	4	150	3
Sonar	60	208	2
Vehicle	17	846	4

3.4.2　实验结果与分析

该实验的主要目的是通过 UCI 数据集测试提出的带收缩因子的动态惯性权重自适应粒子群优化算法 CF-IWA PSO 的性能，并将该方法与标准粒子群优化算法、遗传算法（Genetic Algorithms，GA）、网格搜索算法（Grid Search，GS）进行对比分析。对于 PSO 算法和 CF-IWA PSO 算法的参数设置如下：$c_1, c_2 = 1.5$；$w_{start} = 0.9$；$w_{end} = 0.4$；粒子的初始速度范围是$[-5,5]$；种群数设置为20；最大迭代次数为100。在SVM预测模型建立时，采用高斯核函数，对应的参数设置为：c的范围设置为$[0,100]$；σ的搜索范围设置为$[2^{-10},2^{10}]$；ε不敏感损失因子的搜索范围设置为$[2^{-10},10]$，并且在预测模型建立时，采用5折交叉验证。

表3.3给出了5个UCI数据集在CF-IWA PSO算法、PSO算法、GA算法和GS算法下得到的最优参数组合和5折交叉验证下的分类准确率。

表3.3　4种优化算法在UCI数据集上的准确率对比

Table 3.3　The accuracy comparison of four optimization algorithms on UCI

数据集	CF-IWA PSO-SVM (c,σ,ε) 准确率	PSO-SVM (c,σ,ε) 准确率	GA-SVM (c,σ,ε) 准确率	GS-SVM (c,σ) 准确率
Diabetes	$(c=13.07, \sigma=1.076, \varepsilon=0.82)$ 85.2%	$(c=18.37, \sigma=1.536)$ 78.5%	$(c=15.26, \sigma=1.72)$ 82.3%	$(c=15.76, \sigma=0.92)$ 81.7%
Wine	$(c=2.04, \sigma=4.15, \varepsilon=0.82)$ 98.9%	$(c=0.81, \sigma=3.27)$ 97.8%	$(c=1.22, \sigma=5.39)$ 97.8%	$(c=1.41, \sigma=5.66)$ 97.8%
Iris	$(c=14.13, \sigma=2.35, \varepsilon=0.96)$ 100.0%	$(c=12.6, \sigma=2.05)$ 98.2%	$(c=12.7, \sigma=2.16)$ 100.0%	$(c=11.62, \sigma=2.16)$ 100.0%
Sonar	$(c=15.93, \sigma=0.756, \varepsilon=0.986)$ 91.6%	$(c=19.5, \sigma=0.386)$ 90.3%	$(c=20.43, \sigma=0.726)$ 88.4%	$(c=18.37, \sigma=0.86)$ 89.1%
Vehicle	$(c=15.5, \sigma=1.086, \varepsilon=0.635)$ 95.2%	$(c=18.2, \sigma=1.283)$ 93.6%	$(c=13.5, \sigma=1.163)$ 84.5%	$(c=14.7, \sigma=1.166)$ 95.3%

通过表 3.3 可以发现,本章提出的 CF-IWA PSO 算法在提升分类准确率方面起到了积极作用。与 PSO 算法相比,CF-IWA PSO 算法在分类准确率上提升较多,并且在每个数据集上,CF-IWA PSO 算法都比 PSO 算法得到的分类准确率高。特别是对于 Diabetes 数据集,CF-IWA PSO 算法比 PSO 算法得到的分类准确率要更高,可能是因为 PSO 算法在后期迭代过程中,出现了过早收敛,而没有搜索到全局最优解,陷入了局部最优解。对于 GS 算法,CF-IWA PSO 算法与它的分类性能在很多情况下相当,但 GS 算法实际上是一种穷举法,常被用在较小范围内搜索最佳的参数组合,并且算法的搜索精度与设置的步长有关。当设置较小的步长时,算法将非常耗时;相反算法的搜索精度将降低,可能不能满足实际的需求。对于 GA 算法,该算法在实现过程中比较复杂,并且存在早熟现象,容易陷入局部最优值;而 CF-IWA PSO 算法可以较好的克服局部最优值。

为了进一步验证 CF-IWA PSO 算法相对于 PSO 算法存在的优势,将两种算法在迭代过程中的收敛情况和适应度变化情况进行对比分析。图 3.5 和图 3.6 分别给出了两种算法在 Wine 数据集上的适应度(分类准确率)曲线。

通过图 3.5 和图 3.6 可以发现,CF-IWA PSO 算法方法比 PSO 算法的寻优能力更强,找到的最优参数组合比 PSO 算法的分类准确率更高。两个适应度变化曲线反映了 CF-IWA PSO 算法在迭代过程中调整了参数搜索方式,因为采用改进的自适应惯性权重调整策略可以使算法具有更好的适应性,会根据具体的迭代情况,对搜索策略进行相应的改变,以提高算法的搜索能力,防止算法陷入局部最优。对于 CF-IWA PSO 算法,迭代到第 20 次后,对搜索策略进行了调整,使算法在迭代过程中搜索到了比 PSO 更优的参数组合,说明提出的方法具有一定的实用性和有效性。

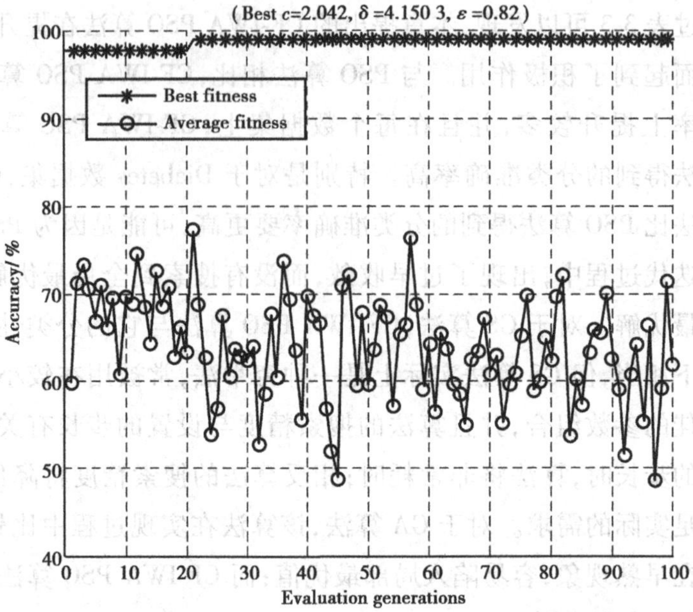

图 3.5　Wine 数据集在 CF-IWA PSO 算法下对应的准确率曲线
Fig. 3.5　The accuracy of CF-IWA PSO algorithm on Wine dataset

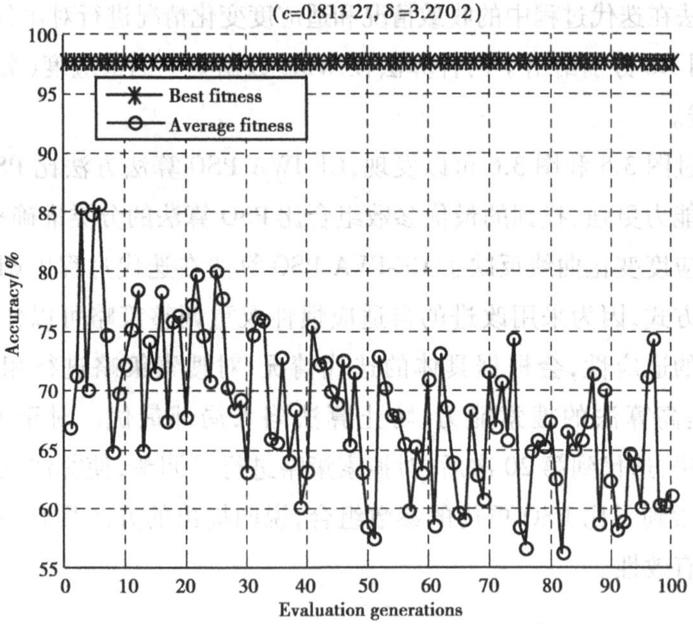

图 3.6　Wine 数据集在 PSO 算法下对应的准确率曲线
Fig. 3.6　The accuracy of PSO algorithm on Wine dataset

3.5　个性化推荐实验结果与分析

在上一节的实验中,采用 UCI 数据集对提出的 CF-IWA PSO-SVM 分类模型进行了验证。实验表明,采用 CF-IWA PSO 算法对参数优化后 SVM 分类模型的分类性能得到了有效提升。为了进一步验证 CF-IWA PSO-SVM 分类模型在个性化推荐方面的性能,同样也采用其他几种方法来对比分析其有效性,包括基于项目的协同过滤推荐、基于用户的协同过滤推荐、基于 PSO-SVM 分类模型的推荐、基于 GA-SVM 分类模型的推荐、基于 GS-SVM 分类模型的推荐以及基于 BP 神经网络模型的推荐方法。

基于协同过滤的推荐只考虑了项目单方面的信息,没有考虑用户的统计学信息等。为此,本章结合项目信息和用户信息建立"用户-项目"之间的关联模型,实现用户和项目间偏好关系的预测,从而实现个性化推荐。所以,建立"用户-项目"间的关联模型是核心内容;同时,采用改进的 PSO 算法对模型进行优化,提高模型的预测准确率,进而实现更高质量的个性化推荐。

3.5.1　实验数据准备

为测试优化的 SVM 分类算法(CF-IWA PSO-SVM)在推荐系统中的实际推荐质量,选择了 MovieLens 数据集[145]。具体包括3个数据集:

①MovieLens 100k 数据集。该数据集包含943个用户对1 682部电影的100 000个评分数据(1—5)。每一个用户至少评价20部电影。该数据集中包括20个文件用于描述数据集的情况。

u.data 是用来描述用户对电影评分数据的文件。用户和项目的序号是连续的,并且从1开始。包括:user id,item id,rating,timestamp。

u.info 是记录用户对项目评分的记录数。包括:用户、项目、评分记录数。

u.item 是用于记录电影详细信息的文件。包括：MovieID，movie title，release date，video release date，IMDb URL，unknown，Action，Adventure，Animation，Children' s，Comedy，Crime，Documentary，Drama，Fantasy，Film-Noir，Horror，Musical，Mystery，Romance，Sci-Fi，Thriller，War，Western。

u.genre 是用来记录电影的类型、体裁、风格等信息。

u.user 是用来记录用户的人口统计学信息，包括：UserID，Age，Gender，Occupation，Zip-code。

u.occupation 是用来记录用户的职业信息。

②MovieLens 1M 数据集。该数据集包括 6 040 个 MovieLens 用户对 3 900部电影的匿名评分。该数据集主要包括 3 个文件：ratings. dat，users. dat 和 movies.dat。

ratings.dat 是用来记录评分数据信息的文件，包括：UserID，MovieID，Rating 和 Timestamp。

users.dat 是用来记录用户信息的文件。包括：UserID，Gender，Age，Occupation 和 Zip-code。具体为"ustomer service"，6："doctor/health care"，7："executive/ managerial"，8："farmer：UserID"，Gender（'M' for male and 'F' for female），Age（1：Under 18，18：18-24，25：25-34，35：35-44，45：45-49，50：50-55，56：56+），Occupation（0："other" or not specified，1："academic/educator"，2："artist"，3："clerical/admin"，4："college/grad student"，5："c"，9："homemaker"，10："K-12 student"，11："lawyer"，12："programmer"，13："retired"，14："sales/marketing"，15："scientist"，16："self-employed"，17："technician/engineer"，18："tradesman/craftsman"，19："unemployed"，20："writer"）。

movies.dat 是记录电影信息的文件，包括：MovieID，Title 和 Genres。电影风格 Genres 包括：Action，Adventure，Animation，Children' s，Comedy，Crime，Documentary，Drama，Fantasy，Film-Noir，Horror，Musical，Mystery，

Romance, Sci-Fi, Thriller, War, Western。

③MovieLens 10M 数据集。该数据集包括 71 567 个 MovieLens 用户对 10 681 部电影的 10 000 054 个评分和 95 580 个标签信息。该数据集主要包括 3 个文件：ratings. dat, tags. dat 和 movies. dat。其他两个文件与 MovieLens IM 的基本一样，tags. dat 文件是用来记录用户的标签信息(用户对电影的评价、描述等)。

为测试 PSO-SVM 模型在个性化电影推荐方面的性能，选择 MovieLens 1M 数据集作为实验数据集，不但可以利用电影的信息，而且也可以方便利用用户的人口统计学信息。并且与基于用户的协同过滤和基于项目的协同过滤进行对比，通过预测用户关于电影的喜欢与否来判断推荐的质量。

3.5.2　实验结果评测方法

在本章的研究中，将个性化的电影推荐问题，转化为了一个“二分类”问题。根据用户对电影的评分，将用户的历史数据分成“喜欢”和“不喜欢”两种情况，那么分类模型的建立就是整个推荐流程的核心。对于分类模型，一般采用分类准确率来评估其分类性能。

在个性化推荐问题中，通常可以采用召回率(Recall)和准确率(Precision)来衡量推荐系统的推荐精度，具体见第 2 章介绍。由于实验的目标并不是很完美的分类所有的电影，而是希望推荐系统不仅具有较高的预测精度，而且也具有较高的召回率。那么，衡量这种能力的指标采用的是 F 值度量，其定义为：

$$FS_{F\text{-}Score} = \frac{2 * P_{Precision} * Re_{call}}{P_{Precision} + Re_{call}} \tag{3.24}$$

3.5.3　基于 CF-IWA PSO-SVM 的个性化推荐模型

该实验在 MovieLens 1M 数据集上进行，并选择其中 2 000 个用户的评分数据作为实验数据集。对于这 2 000 个用户的每一个用户，从中随机挑选 10 个数据作为测试数据,加入测试样本集中,剩余的数据作为训练集,用于训练分类模型。

在实验中,将用户的人口统计学信息、用户的行为信息(对电影的“评分”)和电影的内容信息进行处理,形成“用户-电影”关联矩阵,训练模型,然后对电影进行分类,即“推荐”。根据模型的分类结果为用户提供推荐的电影列表,代替了传统协同过滤推荐方法中的相似度计算。在分类模型建立前,首先将用户的评分电影分成两类:一类“喜欢”(推荐);另一类“不喜欢”(不推荐)。由于 MovieLens 数据集中的电影是采用星级评价代表用户对电影的喜欢程度,意味着用户给的星越多,对电影的喜欢程度越高。设“喜欢”类对应用户评级带有 4 个或 5 个星;“不喜欢”类对应用户评级带有 1 个、2 个或 3 个星。实验设计的具体路线如下:

(1)“用户-电影”关联特征信息提取

在基于分类模型的个性化推荐方法中,用户和电影之间的关联关系信息对分类模型的建立至关重要。在 MovieLens 数据集中包括:用户信息文件(user.dat)、评分文件(ratings.dat)和电影信息文件(movies.dat),并且这 3 个文件可以通过“关键字”关联起来。这样可以很好地利用用户的人口统计学信息、电影的信息和用户对电影的评分信息,实现了用户的偏好特征和电影信息的关联,对建立个性化的分类模型特别有用,决定了相似用户计算的精确度,对推荐模型的推荐准确度起着决定作用。用户与电影偏好的特征向量提取方法,如图 3.7 所示。

(2)基于 SVM 的个性化推荐模型

基于协同过滤(包括:基于用户和基于项目的协同滤)的推荐存在相似度计算方式单一、冷启动等问题。其中,基于用户的协同过滤需要根据项目的评分矩阵来计算用户间的相似度;基于项目的协同过滤需要根据用户对项目的评分信息计算项目之间的相似度。基于用户的协同过滤算法的计算复杂度与用户的数量有关,即与用户数量的平方成正比例关系;而对于基于项目的协同过滤算法,当项目的规模比较大时,其计算复杂度

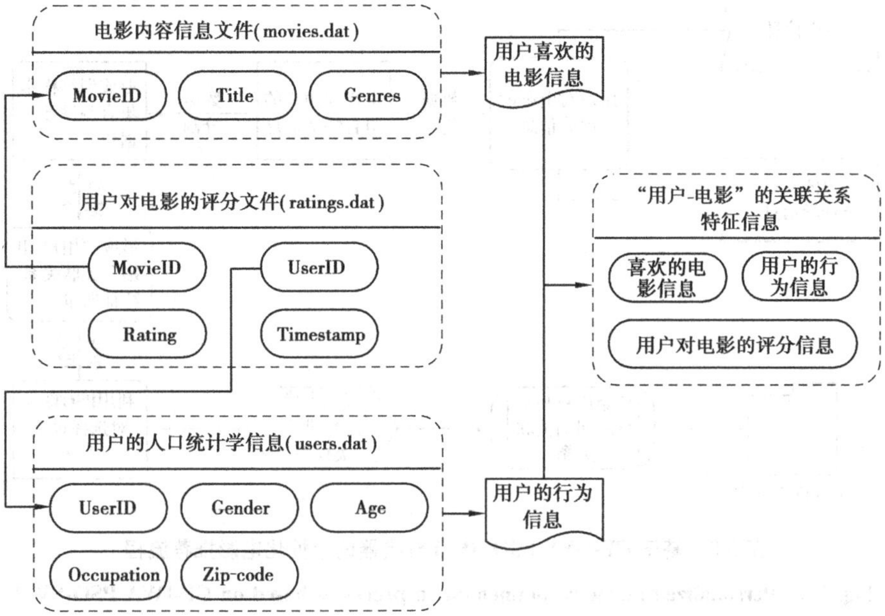

图 3.7　“用户-电影”的关联关系特征信息提取

Fig. 3.7　The extraction of relationship feature information of “Users-Movies”

也非常高,即与项目的平方数和稀疏度的乘积成正比。同时,通过对人口统计学信息的利用,也可以在一定程度上缓解“冷启动”问题。为此,为了充分利用用户和电影的关联信息,代替传统的相似度计算,设计了基于SVM 分类模型的个性化电影推荐方法,通过该方法可以为用户提供喜欢的电影列表。基于 SVM 分类模型的个性化电影推荐流程,如图 3.8 所示。

在模型建立时,对用户的人口统计学信息和电影信息分析时发现,具有相似人口统计学信息并且喜欢的电影集比较类似时,这些用户对很多电影具有相似的偏好,这恰好符合分析的需要,即具有相似属性的实体具有相同的类标号。数据的这种特征对构造推荐质量比较高的推荐系统具有很好的指导作用。

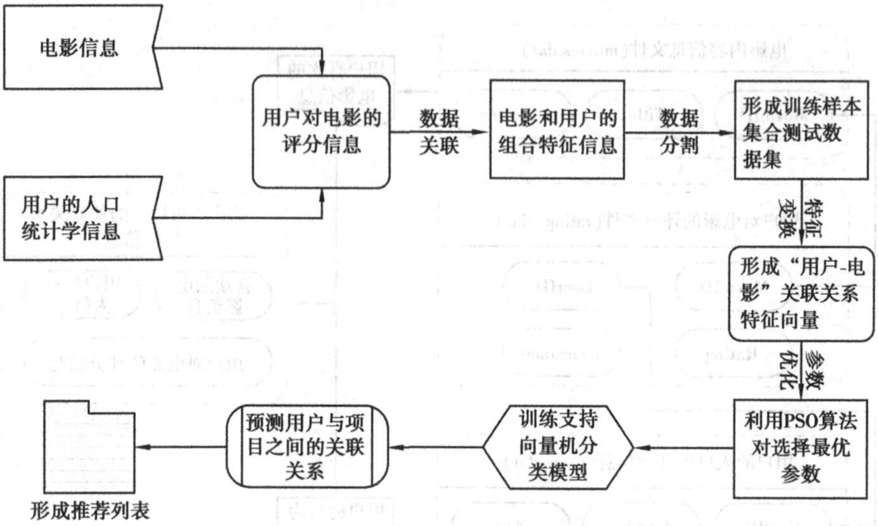

图 3.8　基于 CF-IWA PSO-SVM 分类器的个性化电影推荐流程

Fig. 3.8　Personalized movie recommendation processes based on CF-IWA PSO-SVM

3.5.4　推荐结果及分析

图 3.9 展示了基于 CF-IWA PSO-SVM 模型的推荐方法与基于项目的协同过滤(Item-based Collaborative Filtering, ItemCF)、基于用户的协同过滤(User-based Collaborative Filtering, UserCF)、基于 PSO-SVM 分类模型的推荐、基于 GA-SVM 分类模型的推荐、基于 GS-SVM 分类模型的推荐以及基于 BP 神经网络模型的推荐在 MovieLens 数据集上的离线实验结果。

从图 3.9 中可以发现,各种方法的分类准确率随着训练样本数量的增加也在不断升高,因为随着样本数量的增加,可利用的用于电影推荐的信息也越多,为推荐模型的建立提供了丰富、可靠的信息。同时,本章提出的 CF-IWA PSO-SVM 推荐方法比其他几种方法的分类准确率都高。在训练样本达到整个训练集的 90%时,CF-IWA PSO-SVM 方法的分类准确率达到了 74.9%,而 POS-SVM 方法的分类准确率为 73.7%,GA-SVM 方法的分类准确率为 72.2%,GS-SVM 方法的分类准确率为 74.5%,BP 方法

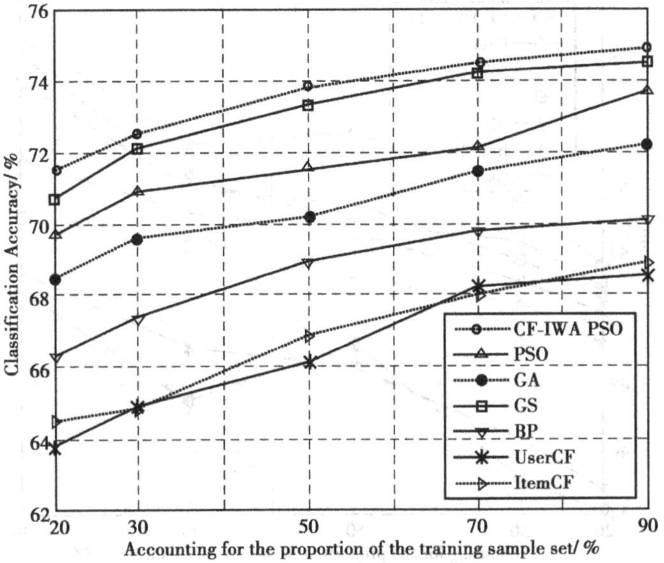

图 3.9　分类准确率

Fig. 3.9　Classification accuracy

的分类准确率为 70.1%，UserCF 方法的分类准确率为 68.6%，ItemCF 方法的分类准确率为 68.9%。

建立一个较优秀的推荐模型，不仅要求它具有较高的准确率（“查准率”），而且也要使它尽可能多的识别对用户感兴趣的项目（“查全率”）。衡量这种能力的一个重要的指标是 $FS_{F\text{-}Score}$。如图 3.10 所示，CF-IWA PSO-SVM 方法与其他 6 种方法相比，具有明显的优势。特别是在训练样本数量占整个训练集的 90%时，该方法的 $FS_{F\text{-}Score}$值达到了最高。

在很多情况下，用户对排在推荐列表前面的几个或几十个项目的兴趣度更高，因此，对准确率的分析限定在前 10 个推荐的电影中。从图 3.11可以发现，CF-IWA PSO-SVM 方法的分类准确率明显比其他几种方法高。在训练样本达到整个训练集的 90%时，该方法的准确率达到了 79.6%，而 PSO-SVM 方法为 73.5%，GA-SVM 方法为 69.2%，GS-SVM 方法

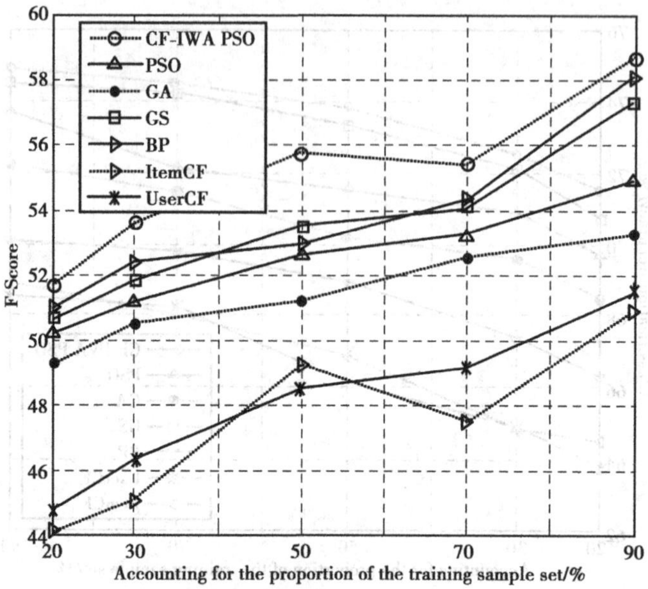

图 3.10　7 种方法的 F-Score 值

Fig. 3.10　The F-Scores of these seven methods

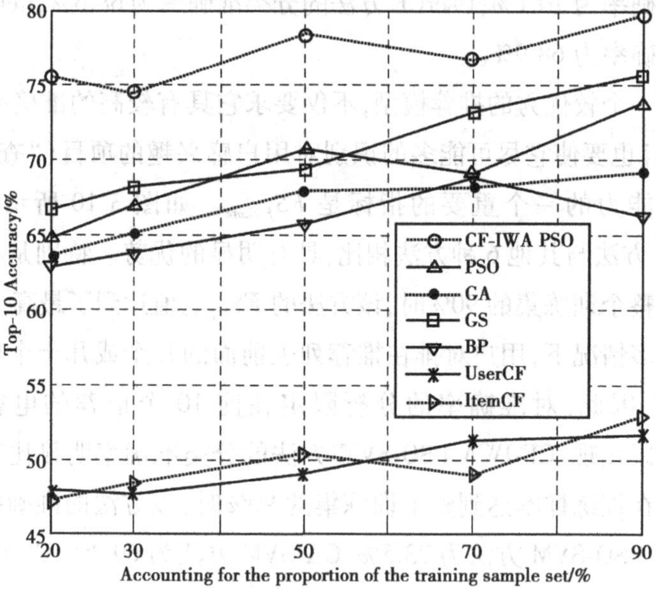

图 3.11　Top-10 分类准确率

Fig. 3.11　Top-10 classification accuracy

为 75.5%，BP 方法为 66.3%，UserCF 方法为 51.7%，ItemCF 方法为52.8%。这些结果比较令人鼓舞，并提供了经验证据——使用理论上有根有据的学习算法可以提高推荐系统的预测准确率。

3.6　本章小结

本章首先对传统协同过滤算法在个性化推荐中存在的问题进行了分析，并提出了基于支持向量分类机方法的个性化推荐；其次分析了支持向量分类机在个性化推荐中的应用；再次分析了影响支持向量分类机性能的关键因素，提出了带收缩因子的动态惯性权重自适应粒子群优化算法（Contraction Factor-Dynamic Inertia Weight Adaptive Particle Swarm Optimization，CF-IWA PSO）对支持向量机的参数进行优化；最后，通过 UCI 数据集对 CF-IWA PSO-SVM 方法进行测试，并将其应用到 MovieLens 的个性化电影推荐中。

第 4 章

基于支持向量机先分类再回归的推荐方法

第 3 章针对推荐给用户的项目喜欢与否两种情况给出了对应的预测结果,即根据用户的相关信息和项目的相关信息,建立“用户-项目”间的关联关系分类模型,并利用该模型对待推荐的项目进行评估,得出将哪些项目推荐给“目标用户”。而在实际应用中,有时需要给出用户对项目的精确评分,而不仅仅是给出用户是否喜欢该项目。协同过滤可以很好地解决评分预测问题,但该方法较为常见的问题是评分矩阵的稀疏性问题,这样将导致协同过滤算法在实际应用中的实施难度。针对此问题,也提出了一些评分预测方法来填充缺失的评分值,然后再进行协同过滤。基于第 3 章的研究内容和现有的评分预测方法,提出了基于支持向量机先分类再回归的推荐方法来对用户的评分值进行预测,如图 4.1 所示。

基于支持向量机先分类再回归的推荐思想是:第一,提取项目的内容信息和用户的人口统计学信息,并对其进行关联形成用户和项目的组合特征信息;第二,对形成的组合特征信息进行变换得到特征向量;第三,根据得到的特征向量训练支持向量机分类模型,利用训练模型对待推荐的项目进行预测,并将符合条件的推荐项目形成初步推荐列表;第四,根据

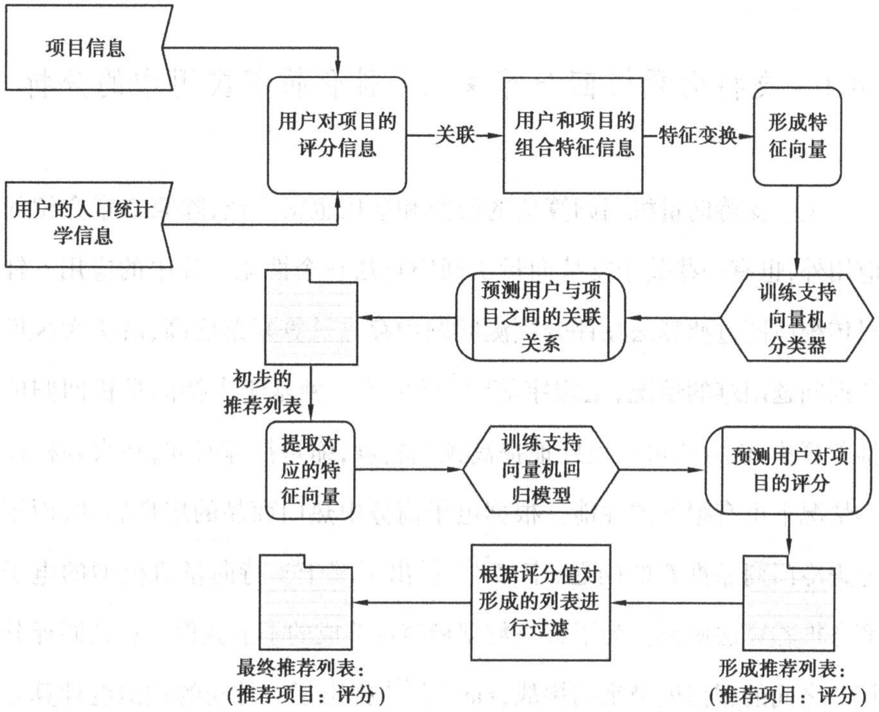

图 4.1　基于支持向量机先分类再回归的个性化推荐框架

Fig. 4.1　Regression model based on SVM classification for personalized recommendation

初步推荐列表中，项目对应的特征向量，训练支持向量机回归模型，这样可以将注意力集中在推荐概率大的项目上，并对其评分进行预测，缩小了预测数据的范围，有利于提高预测精度；第五，利用得到的回归模型对这些项目的评分进行预测；第六，根据得到的评分值和初步推荐项目列表，形成项目和评分值的形式；第七，根据评分值对列表进行筛选；第八，得到最终的推荐列表。

同时，为了提升模型的预测准确率，提出了改进的粒子群优化（Improved PSO，IPSO）算法——带进化速度和聚集度的自适应 PSO 算法，对预测模型进行优化，从而得到优化的个性化推荐模型。

4.1 支持向量机回归算法在个性化推荐应用中的分析

关于支持向量机回归算法的研究和应用也很广泛,除第 2 章介绍的应用外,也有一些关于支持向量机回归算法在个性化推荐中的应用。针对传统协同过滤算法在评分预测问题中存在计算复杂度高,解决大规模数据问题困难的情况,王宏宇等[146]提出了一种基于支持向量机回归的推荐算法,该方法可以很好地提高预测精度,缩短推荐时间,在大规模样本情况下也有很好的性能。根据电子商务中热门商品的用户属性,而不考虑冷门商品推荐的问题,李婧[147]提出了基于支持向量机模型的电子商务推荐算法研究。为了解决数据稀疏性造成的不能获得没有共同评分用户之间的相似度带来的挑战,Fan 等[148]提出了一种新的相似度计算方法,采用支持向量对评分进行预测,该方法相对于线性回归方法具有更高的精度。关于回归方法在个性化推荐中的应用还有 BP 神经网络、线性回归等。

根据支持向量回归算法在各领域的成功应用,并结合支持向量机回归算法在个性化推荐中的应用,本章利用用户信息和项目内容信息来构建特征向量,提出了基于支持向量机先分类再回归的个性化推荐方法。在分类和回归的过程中,采用提出的 IPSO 算法来优化分类模型和回归模型,这样既可以提高算法的收敛速度,又可以提高算法在个性化推荐中的推荐精度。

4.2 支持向量回归机和参数优化对象

4.2.1 支持向量回归机

支持向量回归机(Support Vector Regression Machine,SVR)与支持向量分类机类似,其区别在于回归机输出的是“实数值”,而分类机输出的是“类标号”,下面介绍支持向量回归机的推导过程。

对于训练样本数据集$\{(x_1,y_1),\cdots,(x_l,y_l)\}\in R^n\times R$,其中,$\{x_1, x_2\cdots,x_l\}$为支持向量回归机的输入变量值,$y_i\in R$为对应的输出变量值,$l$为训练样本的数量。对于回归问题,其本质就是找到一个从输入空间到输出空间的映射,$f:R^n\to R$,使得$f(x)=y$。那么,SVR的目标就是寻找这样的回归函数:

$$y=f(x)=(\omega\cdot x)+b \tag{4.1}$$

其中,ω为权重向量;b为函数的阈值,用于控制函数的偏移程度。

支持向量机的线性回归问题可以通过最小化下面的目标函数求得回归函数:

$$\min_{\omega,b,\xi^{(*)}}\frac{1}{2}\|\omega\|^2+C\sum_{i=1}^{l}(\xi_i+\xi_i^*)$$

使得
$$((\omega\cdot x_i)+b)-y_i\leqslant\varepsilon+\xi_i,i=1,\cdots,l$$
$$y_i-((\omega\cdot x_i)+b)\leqslant\varepsilon+\xi_i^*,i=1,\cdots,l$$
$$\xi_i^{(*)}\geqslant 0,i=1,\cdots,l \tag{4.2}$$

其中,$\xi^{(*)}=(\xi_1,\xi_1^*,\cdots,\xi_l,\xi_l^*)$为松弛变量。

引入拉格朗日乘子向量和拉格朗日函数,经过对偶变换后,将式(4.2)变换为:

$$\min_{\alpha,\alpha^{(*)}}\frac{1}{2}\sum_{i=1}^{l}\sum_{j=1}^{l}(\alpha_i-\alpha_i^*)(\alpha_j-\alpha_j^*)(x_i,x_j)-$$

$$\sum_{i=1}^{l} y_i(\alpha_i - \alpha_i^*) + \varepsilon \sum_{i=1}^{l} (\alpha_i + \alpha_i^*)$$

使得
$$\sum_{i=1}^{l} (\alpha_i - \alpha_i^*) = 0, i = 1, \cdots, l$$

$$0 \leqslant \alpha_i, \alpha_i^* \leqslant C, i = 1, \cdots, l \tag{4.3}$$

进一步可以求得决策函数：

$$f(x) = \omega \cdot x + b = \sum_{i=1}^{l} (\alpha_i - \alpha_i^*)(x_i, x) + b^* \tag{4.4}$$

可以发现这个形式与线性支持向量分类机非常类似。

为了解决非线性回归问题，引入核函数，从而可以得到非线性回归函数：

$$f(x) = \omega \cdot x + b = \sum_{i=1}^{l} (\alpha_i - \alpha_i^*) K(x_i, x) + b^*$$

使得
$$\sum_{i=1}^{l} (\alpha_i - \alpha_i^*) = 0, i = 1, \cdots, l$$

$$0 \leqslant \alpha_i, \alpha_i^* \leqslant C, i = 1, \cdots, l \tag{4.5}$$

其中，$\alpha^* = (\alpha_1, \alpha_1^*, \cdots, \alpha_l, \alpha_l^*)$问题的解，如果$\alpha^*$中的元素$\alpha_i$或者$\alpha_i^*$不为零，则称对应的$(x_i, y_i)$为支持向量；$K(x_i, x)$是核函数。

4.2.2 参数优化对象和方法

与 SVM 的分类问题一样，参数的选择对预测精度的影响至关重要。为了获得一个性能比较优秀的预测模型，选择一个好的核函数，并调整核参数，确定软间隔常量 C 和 ε 不敏感松弛变量来优化预测模型。当前用于支持向量机回归模型参数选择的算法有很多，例如网格搜索算法、遗传算法和粒子群优化算法等。与遗传算法和网格搜索算法相比，粒子群优化（PSO）算法具有更强的全局搜索能力，容易实现，操作简单等优点，而标准 PSO 算法也存在一些缺点，例如容易陷入局部最优、收敛速度慢和后期进化过程中收敛精度低。本章从另外的角度对 PSO 算法进行改进，提出了带进化速度和聚集度的自适应粒子群优化算法，称为改进的粒子群优化算法。

在 IPSO 中引入了粒子群的“进化速度因子”“聚集度因子”和“位置-极值”策略。进化速度因子控制着粒子群在迭代过程中的进化速度和收敛速度;聚集度因子控制着算法在迭代过程中粒子的全局搜索能力和多样性;极值-位置策略是通过引入一个阈值来判断算法是否陷入了局部最优值,若陷入了局部最优值,则改变粒子的搜索策略。即在每次迭代的过程中,惯性权重可以根据当前的进化速度和聚集度因子动态的调整,使算法实现有效的动态自适应性。

在本章的研究中,选择 Gauss 核函数作为分类模型和回归模型的核函数。为了提升分类模型和回归模型的性能,采用 IPSO 算法来优化参数组合(C,σ)。为方便起见,采用(c,g)来表示(C,σ)。

4.3　带进化速度和聚集度的自适应 PSO 算法

4.3.1　进化速度和聚集度策略

分析线性权重递减策略(见第 3 章),可以发现该方法存在一些问题。首先,如果在算法迭代的早期检测到了更优解,那么快速收敛到最优解的概率将大大增加。然而,线性递减策略使得算法的收敛速度很慢。其次,在算法迭代后期,随着惯性权重 w 的递减,将导致算法的全局搜索能力下降,削弱多样性,容易陷入局部最优。为了克服线性递减惯性权重策略存在的问题,采用非线性的惯性权重递减策略来平衡全局和局部搜索能力。

设$f(P_g^i)$是第 i 代全局最优位置对应的适应度函数值,$f(P_g^{i-1})$是第 $i-1$代全局最优位置对应的适应度函数值,那么,

定义 4.1　进化速度β:

$$\beta=\frac{\min(f(P_g^i),f(P_g^{i-1}))}{\max(f(P_g^i),f(P_g^{i-1}))} \tag{4.6}$$

其中,min(·)代表函数的最小值;max(·)代表函数的最大值。

根据上面的假设和定义,可以发现$0<\beta\leqslant 1$。该参数不仅考虑了算法的迭代历史,也反映了粒子的迭代速度,即如果β值越小,那么粒子的进化速度越快。在经过一定的迭代次数后,β值将一直保持为1,这意味着算法找到了最优解。

无论是算法早熟收敛还是全局收敛,种群中的粒子都会出现“聚集”显现。这意味着要么所有的粒子聚集在一个特定的位置,要么聚集在几个特定的位置。所以,影响算法性能的另一个因素就是粒子的“聚集度”。

在迭代过程中,每一个粒子的全局最优位置对应的适应度函数值$f(P_g^i)$总是优于当前最优位置对应的适应度函数值$f(P_i^t)$,因为在每次迭代的过程中,都要将当前最优位置对应的适应度函数值与全局最优位置对应的适应度函数值进行比较。如果当前位置在两者之间比较好,那么将更新全局最优位置。特别地,如果当前最优位置对应的适应度函数值等于全局最优位置对应的适应度函数值,那么认为$f(P_g^i)$优于$f(P_i^t)$,并且全局最优位置不需要更新。

设$f(P_i^t)$是第i代迭代最优位置对应的适应度函数值,并且第t代的平均适应度函数值可以描述为:

$$f_{\text{average}}(t)=\frac{1}{N}\sum_{i=1}^{N}f(P_i^t) \tag{4.7}$$

定义 4.2 聚集度α:

在本章的研究中,适应度函数值,越小越好。聚集度可以定义为:

$$\alpha=\frac{\min(f(P_g^i),f_{\text{average}}(t))}{\max(f(P_g^i),f_{\text{average}}(t))} \tag{4.8}$$

显然,$0<\alpha\leqslant 1$,是对当前所有粒子聚集程度的反映,并且也在一定程度上反映了粒子的多样性。现对于较小的α值,较大的α值,该粒子群的聚集度越高,粒子的可变性更低。特别是当$\alpha=1$时,所有的粒子具有相同的属性。但是如果算法陷入局部最优解,那么对于种群来说,将很难逃

出局部最优解。

基于以上讨论，定义非线性惯性权重表达式，描述如下：

$$w_{\text{nonline}}(k) = w_{\text{start}} - \psi\alpha + \tau\beta \tag{4.9}$$

其中，ψ 是进化速度权重；τ 是聚集度权重。

4.3.2　位置-极值策略

为了使算法可以跳出局部最优值，设置一个判断条件，在迭代的过程中改变全局最优值。如果全局最优值在连续 k 次迭代中没有提高，即 $k>T_{\text{limit}}$，则认为算法陷入了局部最优。在这种情况下，将改变粒子的搜索策略使粒子跳出局部最优，并开始搜索新的位置。当粒子陷入了新的局部最优解，算法将从前后两次局部最优值中，基于适应度函数值最小的原则，选择最小的局部最优值，进入下一次更新。对应的更新方程描述如下：

$$x_{id}^{l+1} = \text{rand}(0,1) \cdot x_{id}^{l+1} \tag{4.10}$$

$$P_i^{l+1} = \text{rand}(0,1) \cdot P_i^{l+1} \tag{4.11}$$

其中，rand(·)是随机函数，rand(0,1)是区间[0,1]之间的随机数。

4.3.3　带进化速度和聚集度的自适应 PSO 算法

根据上一节的3种改进策略，带进化度和聚集度的自适应 IPSO 可以总结如下：

步骤 1：初始化 IPSO。

初始化所有的粒子，初始化 IPSO 的所有参数，包括：每一个粒子的速度向量 $V_i=(v_{i1},v_{i2},\cdots,v_{id})$ 和位置向量 $X_i=(x_{i1},x_{i2},\cdots,x_{id})$。设置加速度系数 c_1 和 c_2，粒子的维度，最大迭代次数 $T_{\max}$，最大连续迭代次数 T_{limit}，进化速度权重 A，聚集度权重 B，惯性权重最大值 w_{start}，惯性权重最小值 w_{end} 和适应度阈值 A_{Acc}。rd_1^l 和 rd_2^l 是 0~1 的随机数。T 是当前的迭代次数。

步骤 2：设置 P_i 和 P_g 的值。

设置粒子 i 当前的最优位置为 $X_i=(x_{i1},x_{i2},\cdots,x_{id})$，即将 $P_i=X_i(i=1,2,\cdots,n)$ 和种群中的最优个体作为当前的 P_g。

步骤 3:定义和评估适应度函数。

对于分类问题，A_{Acc} 定义为分类准确率，即，

$$A_{Acc}=\frac{\text{The number of correctly classified samples}}{\text{The total number of samples}}。$$

对于回归问题，A_{Acc} 的定义对应的是均方根误差(Root Mean Square Error,RMSE)或是平均绝对误差(Mean Absolute Error,MAE)，即

$$\text{RMSE:}\quad A_{Acc}=\sqrt{\frac{1}{n}\sum_{i=1}^{n}(y_i-\hat{y}_i)^2}\ (\text{针对测试函数})。$$

$$\text{MAE:}\quad A_{Acc}=\sqrt{\frac{1}{n}\sum_{i=1}^{n}|y_i-\hat{y}_i|}\ (\text{针对推荐模型})。$$

其中，n 是样本的数量；y_i 是原始值；$\hat{y}_i$ 是预测值。

步骤 4:更新每个粒子的速度和位置。

根据下面的公式搜索更好的参数组合。

$$v_{id}^{l+1}=w\times v_{id}^{l}+c_1\times rd_1^l\times(p_{id}^l-x_{id}^l)+c_2\times rd_2^l\times(p_{gd}^l-x_{id}^l) \tag{4.12}$$

$$x_{id}^{l+1}=v_{id}^{l+1}+x_{id}^{l} \tag{4.13}$$

并根据当前的进化速度因子和聚集度因子动态改变惯性权重，具体如式(4.9)。

步骤 5:改变迭代次数。

设 $t=t+1$。

步骤 6:判断停止条件。

如果 $t>T_{\max}$ 或适应度函数值 $<A_{Acc}$，那么停止迭代，P_g 就是最优解，代表了最优参数组合。否则，转向步骤 7。

步骤 7:判断全局最优适应度函数值连续没有改变的次数 k。

如果 $k>T_{\text{limit}}$，那么，转向步骤 8；否则，转向步骤 3。

步骤 8:根据新的位置和速度公式(4.10)和式(4.11)更新位置。

为了评估提出的IPSO算法和基于SVM先分类再回归模型的性能，下面进行了两个实验：实验一，通过3个经典的测试函数验证提出的IPSO算法的有效性；实验二，将经过验证的IPSO算法应用到基于SVM先分类再回归的个性化推荐中，并验证其推荐效果。

4.4　准确率实验结果与分析

4.4.1　实验数据准备

为比较提出的IPSO算法和标准PSO算法，采用3个经典的基准函数，即Sphere函数、Rosenbroc函数和Rastrigin函数来进行实验。Sphere函数是一个单峰二次函数；Rosenbroc函数是一个单峰函数，存在最小化比较困难的问题；Rastrigin函数是一个多峰函数，具有大量的局部最优值。3个基准测试函数描述如下：

①Sphere函数

$$f_1(x) = \sum_{i=1}^{N} x_i^2 \tag{4.14}$$

其中，$x_i \in [-100,100]$，理论最小值是0。

②Rosenbroc函数

$$f_2(x) = \sum_{i=1}^{N} [100\,(x_{i+1} - x_i^2)^2 + (x_i - 1)^2] \tag{4.15}$$

其中，$x_i \in [-10,10]$，理论最优值是0。

③Rastrigin函数

$$f_3(x) = \sum_{i=1}^{N} [x_i^2 - 10\cos 2\pi x_i + 10] \tag{4.16}$$

其中，$x_i \in [-5.12,5.12]$，理论最优值是0。

根据函数的特点，可以知道函数$f_1(x)$和$f_2(x)$是单峰函数，在它们的定义域中只有一个最优值，主要是用来测试IPSO算法的优化精度和运行性能；$f_3(x)$是一个多峰函数，在其定义域中存在多个局部最优值，主要是用来测试算法的全局搜索能力和避免早熟的能力。

4.4.2 IPSO 算法性能测试与分析

在实验中，经典的基准测试函数被设置为粒子的“适应度函数”。为降低偶然因素，每个基准函数被测试 10 次，并计算其平均值。算法参数的设置为：$w_{\text{start}}=0.9$；$c_1, c_2=1.5$；$T_{\text{limit}}=145$；$A=0.6$；$B=0.05$。终止条件是适应度函数值达到收敛条件或达到最大迭代次数。

对于所有函数，表 4.1 表明了 IPSO 算法优化结果要显著优于标准的 PSO 算法，并且平均迭代时间明显得到了降低，即 IPSO 算法可以明显提高粒子的收敛速度。通过观察，对于单峰函数，标准的 PSO 算法可以得到理论最优值，但是从总体来看，算法的鲁棒性较差。

表 4.1 在 3 个基准函数上对比 IPSO 算法和 PSO 算法的性能

Table 4.1 Comparison of IPSO and PSO on the three classic benchmark functions

Test function	IPSO		PSO	
	Mean Best Fitness	Average time/ms	Mean Best Fitness	Average time/ms
$f_1(x)$	2.16×10^{-4}	150.4	2.81×10^{-4}	312.5
$f_2(x)$	0.81×10^{-1}	421.6	11.3×10^{-1}	539.2
$f_3(x)$	0.48	327.2	25.3	565.1

图 4.2—图 4.4 的进化曲线也说明了上述的实验结果。对于图 4.2，为了更好地对比 IPSO 算法和 PSO 算法，横坐标采用 log 度量，并且最大的迭代次数设置为 300。从这些图中可以发现当求解函数$f_1(x)$时，两种算法之间的性能差别不是很大，并且两种算法都可以收敛到全局最优值，但是 IPSO 算法的收敛速度比 PSO 算法要快，需要更少的迭代次数，具有更高的效率；当求解函数$f_2(x)$时，两种算法都可以收敛到全局最优值，但

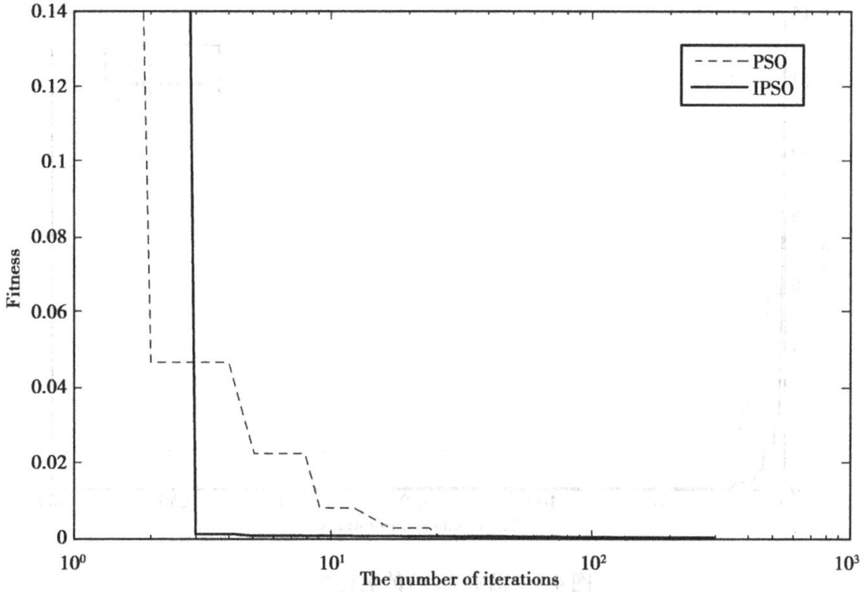

图 4.2　函数 $f_1(x)$ 的进化曲线

Fig. 4.2　The evolution curve of function $f_1(x)$

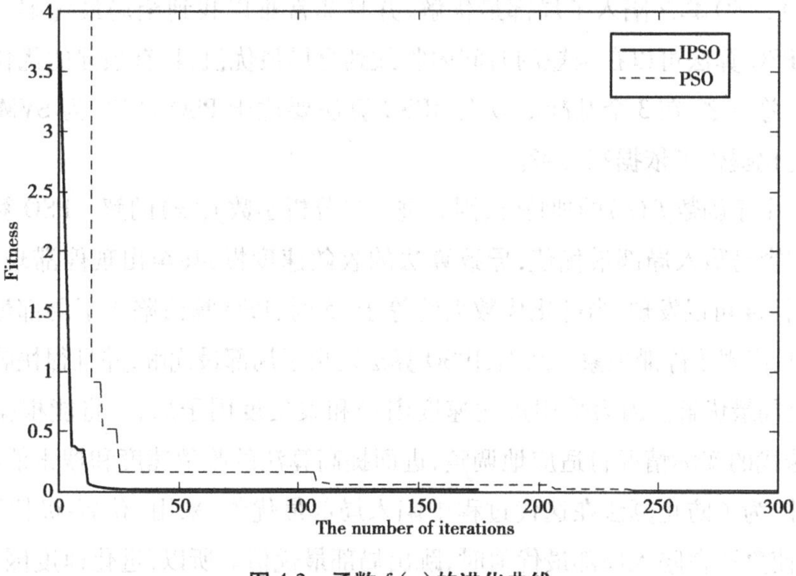

图 4.3　函数 $f_2(x)$ 的进化曲线

Fig. 4.3　The evolution curve of function $f_2(x)$

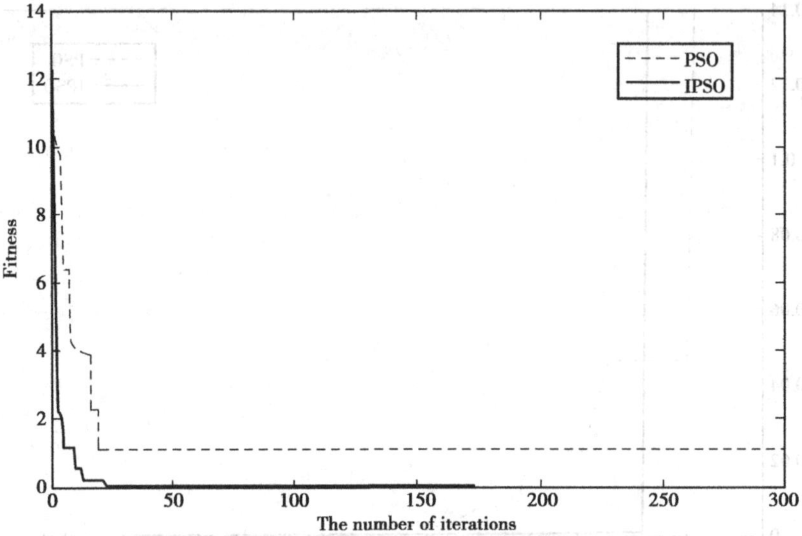

图 4.4　函数 $f_3(x)$ 的进化曲线

Fig. 4.4　The evolution curve of function $f_3(x)$

是 IPSO 算法比 PSO 算法在收敛速度上具有明显的优势；对于求解函数 $f_3(x)$，PSO 算法陷入了局部最优解，并且非常难以找到全局最优解。但是 IPSO 算法可以在很短的时间内收敛到全局最优值，具有很强的优化能力。总言之，在 3 个基准函数上，IPSO 算法要优于 PSO 算法，为 SVM 参数优化提供了依据和参考。

由于函数 $f_3(x)$ 的独特性，因此进一步分析函数 $f_3(x)$ 的解。PSO 算法非常容易陷入局部最优值，导致算法的收敛速度慢，甚至出现停滞现象。从图 4.4 可以发现，当进化代数大约等于 25 时，PSO 算法陷入了局部最优值，且出现了停滞现象。然而，IPSO 算法跳出了局部最优解，并且很快收敛到全局最优解。因为采用进化速度因子和聚集度因子后，w 将能根据粒子迭代的实际情况自适应地调整，进而提高算法的收敛速度和搜索能力。此外，为了防止算法在迭代过程中陷入局部最优值，采用“位置-极值”策略，使算法在陷入局部最优值时，跳出局部最优值。所以，进化速度因子、聚集度因子和“位置-极值”策略可以有效提升 PSO 算法的性能。

4.5　个性化推荐实验结果与分析

上一节通过 3 个基准函数测试了提出的 IPSO 算法的有效性和可行性,实验结果表明与标准 PSO 算法相比,IPSO 算法的收敛速度更快、全局搜索能力更强、精度更高。本节的实验主要是将 IPSO 算法应用到基于 SVM 先分类再回归的个性化推荐中,并测试 IPSO 算法对基于 SVM 先分类再回归算法在个性化推荐系统上效果的提升度。该实验是在 MovieLens 数据集上进行,其详细内容与第 3 章类似。

4.5.1　基于 IPSO 优化的 SVM 先分类再回归的个性化推荐模型

在解决非线性回归问题时,为充分利用 SVM 的分类优势,采用“基于 SVM 先分类再回归的方法”,并利用 IPSO 算法来优化参数,具体流程如图 4.5 所示。

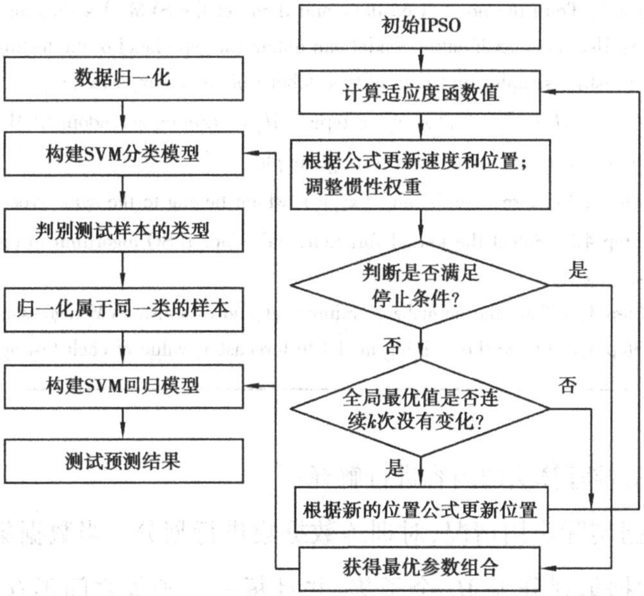

图 4.5　基于 SVM 先分类再回归和 IPSO 优化的个性化推荐模型

Fig. 4.5　Personalized recommendations for regression model based on SVM classification optimized by IPSO

假设个性化推荐系统收集到的数据集为 K,其中,x_i 是输入属性;y_i 是决策属性。并且将个性化推荐问题,看作机器学习中的分类(对应推荐与否)或回归(对应评分预测)问题。那么基于 SVM 先分类再回归和 IPSO 优化算法的个性化推荐模型对应的详细步骤见表 4.2。

表 4.2 基于 SVM 先分类再回归和 IPSO 优化的个性化推荐算法流程

Table 4.2 Personalized recommendations for regression method based on SVM classification optimized by IPSO

Step 1: Divided K into $M_p(p=1,2,\cdots,k)$ types according to the practical application, where, $K=\bigcup_{i=1}^{k} M_i, M_n \cap M_i=\varnothing(i=1,2,\cdots,k;n\neq i)$. Where, M_p is a subset of data set K; $\cup$ represents the set operator "Union"; $\cap$ represents the set operator "intersection"; $\varnothing$ represents the "Null set".

Step 2: As a training set of K, the SVM classifier is generated and trained by training data.

Step 2.1: Normalize the sample data.

Step 2.2: Select the kernel function, and adopt IPSO to optimize the parameters.

Step 2.3: Train the normalized data, and then get the SVM classification model.

Step 3: Use this classification model can obtain the type label of the testing samples. Classify the testing samples and get the type label i of each sample(x_j,y_j).

Step 4: For $M_p \in$ type $i \wedge (x_j,y_j) \in$ type i, M_p is training set, adopt SVM regression algorithm to forecast y_i value of each testing samples.

Step 4.1: Normalize M_p and (x_j,y_j), which belong to the same type i.

Step 4.2: Select the kernel function, and adopt IPSO algorithm to optimize the parameters.

Step 4.3: Train the normalized training set, and establish SVM regression model.

Step 4.4: Utilize the training model to forecast y_i value of each testing samples.

下面对推荐算法的内容进行解释:

①根据实际应用情况,对训练数据集进行划分。当数据集有 M_p 类时,就将数据集划分为 M_p 个子集,并且每一个子集之间不存在交叉现象。这里主要是针对个性化推荐问题,那么就将数据集分成两个类别,即推荐和不推荐。

②在训练集上训练一个分类模型。其中包括数据的归一化,选择核函数,利用 IPSO 算法对参数进行优化,训练 SVM 分类模型。

③利用得到的分类模型对测试样本进行分类,并得到每一个样本的类标号 y。

④对于同一个类别的样本,在其上面训练一个回归模型,对测试样本进行回归预测。包括对属于同一类样本进行归一化处理,选择核函数,利用 IPSO 算法进行优化参数,并在归一化的样本集上训练一个回归模型,利用该训练模型对个性化的数据集进行评分预测。

4.5.2　分类结果及分析

基于项目的协同过滤根据计算用户曾经喜欢的项目与待推荐项目的相似度来进行推荐,仅利用了用户的行为信息。而基于 SVM 先分类再回归的方法在模型建立时不但利用了用户的行为信息,而且也利用了项目的内容信息。

在 MovieLens 数据集中选择 2 000 个用户的评分数据作为实验数据集。对于每一个用户,随机选择 10 个评分数据作为测试数据加入测试样本集中,其余的作为训练样本集。与第 3 章类似,将这些数据分为“喜欢”和“不喜欢”两类,然后建立模型。为了防止随机选择样本造成的误差,重复实验 5 次,并取其平均值,作为最终的分类准确率。图 4.6 展示了基于 IPSO 算法优化的 SVM 分类模型与基于 PSO 算法、GA 算法和 GS 算法优化的分类模型的对比结果。

通过图 4.6 可以发现,IPSO 算法相对于其他 3 种方法,具有更高的参数优化性能。在训练数据为 90%时,基于 IPSO 算法优化的分类模型的准确率达到了 75.4%;而基于 PSO 算法优化的分类模型的准确率为 73.7%,基于 GA 算法优化的分类模型的准确率为 72.2%,基于 GS 算法优

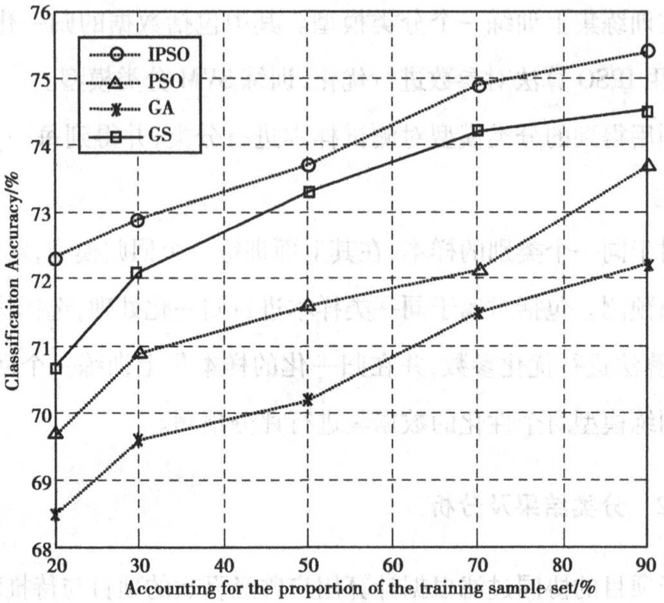

图 4.6　基于 4 种方法推荐模型的准确率

Fig. 4.6　Accuracy of recommended models based on four methods

化的分类模型的准确率为 74.5%。

表 4.3 给出了 IPSO 算法、PSO 算法、GS 算法和 GA 算法在 5 次实验后的平均分类准确率和偏差值。从表 4.3 可以发现，虽然 IPSO 优化算法和 GS 算法的分类准确率比较接近，但是，GS 优化算法的偏差比其他 3 种优化算法的偏差都大，这意味着在实际应用中 GS 优化算法存在一定的不稳定性。因为 GS 算法是一种穷举搜索算法，在每次实验时，搜索的步长决定了其搜索精度。如果搜索步长很短，那么搜索精度很高，而对应的时间复杂度就特别高；相反，则搜索精度不是很高，这样就造成了精度的降低，偏差就增大。而本书提出的 IPSO 优化方法，不存在这样的问题，它在分类准确率和时间复杂度方面有个很好的折中。

表 4.3　4 种优化方法在 5 次实验中的平均分类准确率

Table 4.3　The average classification accuracy (%) of the four algorithms

	20%	30%	50%	70%	90%
IPSO	72.3±3.3	72.9±2.8	73.7±2.5	74.9±2.1	75.4±1.9
PSO	69.7±3.6	70.9±3.2	71.6±2.7	72.1±2.4	73.7±2.2
GA	68.5±4.1	69.6±3.9	70.2±3.3	71.5±3.1	72.2±2.5
GS	70.7±5.1	72.1±4.6	73.3±3.8	74.2±3.1	74.5±2.9

4.5.3　评分预测结果及分析

在上一步得到的分类结果基础上，在推荐类的电影列表上建立一个回归模型，预测电影的评分，即建立基于先分类再回归的评分预测模型。在这个过程中，采用 IPSO 算法来优化 SVM 的参数。参数优化的结果如图 4.7 所示。从图 4.7 可以看出经过 100 次迭代后，IPSO 算法得到最优参数组合（$c=2.180\ 3, g=10.462$），并且也可以清晰地看到每一个粒子的最优适应度函数值和平均适应度函数值。

同时，采用 GA 算法和 GS 算法在相同的样本数据集上对 SVM 的参数进行优化，并与 IPSO 算法进行对比。GA 算法对应的参数优化结果如图 4.8 所示。从图中可以发现，经过 100 次迭代后，GA 算法得到了最优参数组合（$c=90.154, g=42.056\ 5$），并且也可以清晰地看到每一个粒子的最优适应度函数值和平均适应度函数值。GS 算法的参数优化结果如图 4.9 所示。从图中可以发现，经过 100 次迭代后，GS 算法得到了最优参数组合（$c=90.509\ 7, g=0.5$），并且也可以清晰地看到粒子的适应度函数值在不同参数组合下在不断地变化。

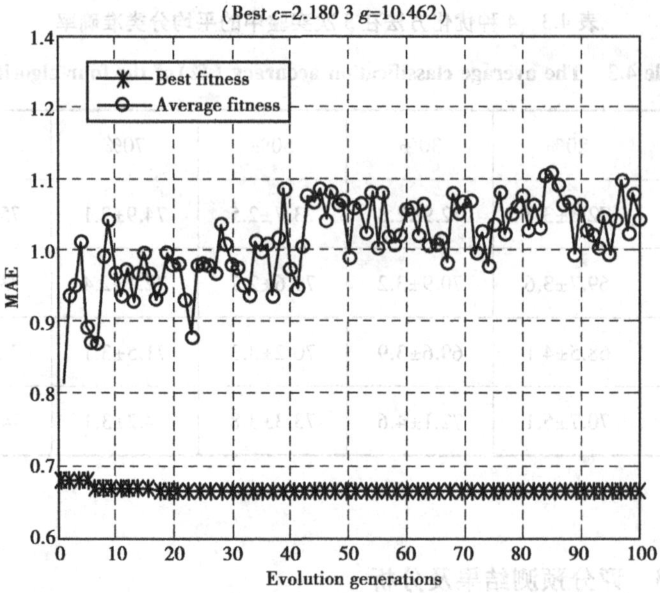

图 4.7　IPSO 算法对应的参数优化曲线

Fig. 4.7　The parameters optimization curve corresponds to IPSO algorithm

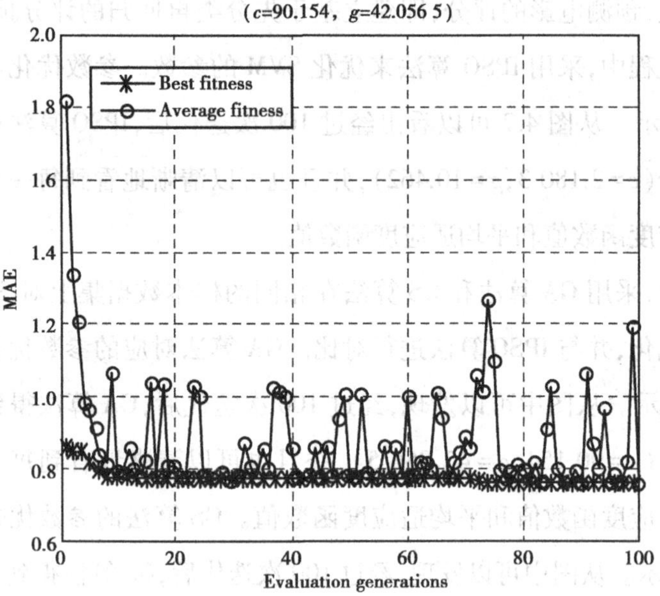

图 4.8　GA 算法对应的参数优化曲线

Fig. 4.8　The parameters optimization curve corresponds to GA

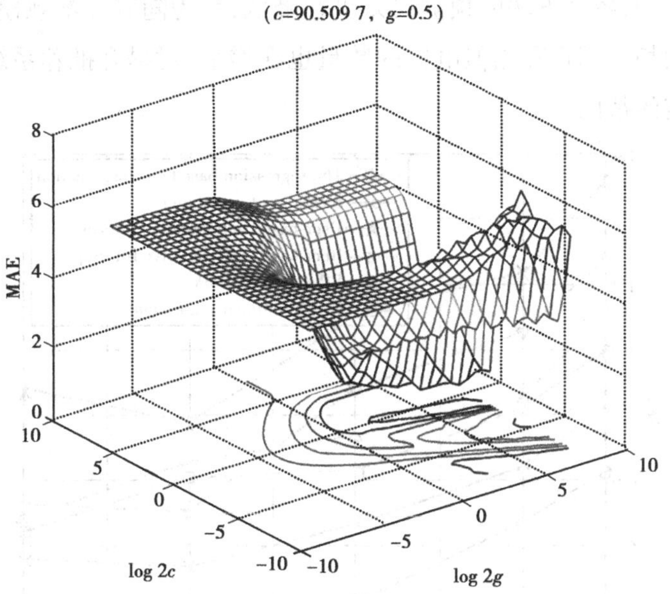

图 4.9　GS 算法对应的参数优化曲线

Fig. 4.9　The parameters optimization curve corresponds to GS algorithm

图 4.7 至图 4.9 展示了 3 种方法在参数优化方面的性能。可以发现，从总体适应度来讲，IPSO 算法比其他两种算法的性能要好。需要说明的是，在上面的实验中，3 种方法都采用了 5 折交叉验证，并且设置了算法的参数搜索范围。其中，IPSO 算法的搜索范围是[0,100]，进化代数为 100；GA 算法的搜索范围和 IPSO 算法基本一致；GS 算法的搜索步长为 0.5，参数优化区间为$[-2^{-8},2^{8}]$。

在研究中，为了验证提出模型的有效性，也采用了其他 5 种对比方法来预测电影的评分。预测误差值 MAE 如图 4.10 所示可以发现本章提出的方法——基于 SVM 先分类再回归的个性化推荐方法(The regression based on SVM classification)的误差最低；基于 SVM 直接回归(SVR)的方法次之；基于用户的协同过滤(User-based collaborative filtering, UserCF)的方法最高；基于项目的协同过滤(Item-based collaborative filtering, ItemCF)的方法次高；基于 BP 神经网络(BP neural network, BP)的方法与基于多元线性回归(Multiple linear regression)的方法很接近。随着样本数量的增加,各种方法的预测误差也在降低,因为随着样本规模的变大,可利用的相似用户和相似电影的数量也在增加,对提升推荐系统的准确率有一定的帮助。

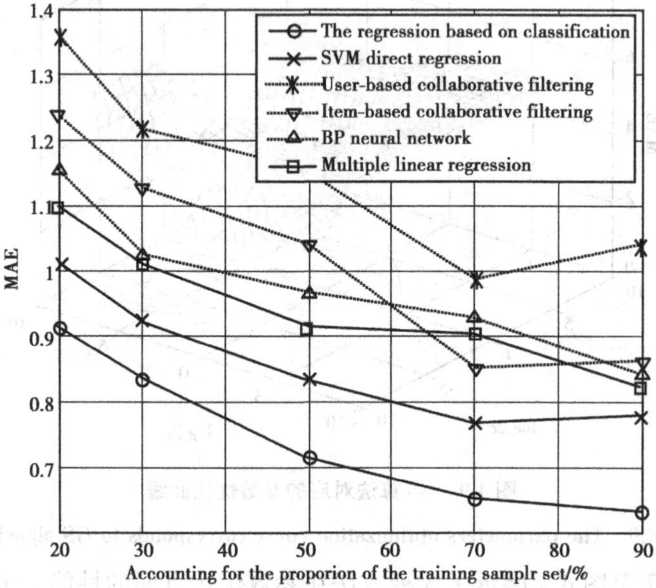

图 4.10　6 种方法对评分预测的误差

Fig. 4.10　The MAE of ratings based on six methods

分析基于协同过滤的算法可以发现,与基于机器学习方法的最大不同在于:传统的协同过滤算法仅利用用户对电影的评分来计算相似度;而基于机器学习的方法不仅利用了用户的评分信息,而且也利用了电影的内容信息和用户的人口统计学信息。这种方法的优点是可以在一定程度上解决用户的冷启动,通过用户的人口统计学信息发现用户的潜在兴趣爱好。

特别是对于本章提出的基于 SVM 先分类再回归的评分预测方法,首先是判断需要推荐给用户的电影列表,然后再对推荐列表中的电影评分数据进行预测,这样缩小了预测样本的范围,将注意力集中在推荐列表中的电影数据上,在一定程度上提升了个性化推荐模型的预测准确率和效率。该方法充分利用了支持向量机的优点,具有以下优势:

①SVM将低维空间的非线性问题通过核函数将其转化为高维空间的线性问题(构造分类超平面),从而实现分类任务。利用SVM的这一个优点,基于SVM先分类再回归的方法可以获得较高的预测精度,即使分类存在一些误差。因为SVM本身就具有分类准确率高的特点,并且回归是在相同类标号的电影数据上进行,具有类似或是相同的变化趋势。

②根据电影数据的特征变化以及实际需求和领域知识,将电影数据分成两类:一类"推荐"("喜欢");另一类"不推荐"("不喜欢")。这样将预测模型的训练限制在同类样本集上(喜欢类样本集),充分利用了样本的变化趋势,缩小了预测的范围(或是样本数量),提高了预测模型的精确度。

4.6　本章小结

本章首先分析了传统协同过滤在评分预测方面的缺点,提出了基于SVM先分类再回归的推荐方法;其次,分析了SVM回归算法在个性化推荐方面的应用;再次,提出了基于SVM先分类再回归的个性化推荐算法,同时为了进一步提高模型的精度,提出了改进的粒子群优化算法(IPSO);最后,先利用UCI数据集对提出的IPSO算法进行验证,然后将IPSO算法应用到Movielens数据集上,并根据实际需求将电影数据分为两类,再在推荐类的电影列表上建立回归模型,实验表明提出的方法是有效、可行的,提高了推荐模型的预测精度。

第5章 基于平滑技术和核减少技术的对称支持向量机推荐方法

近年来,随着电子商务的快速发展,每天采集到的用户行为信息和项目信息呈指数式增长,如何对这些数据进行快速处理,并使用户在可接受的时间范围内看到为其呈现的推荐产品列表,无疑是一种提高销售量的很好途径。特别是在大数据时代,推荐系统对庞大数据的处理能力再一次受到了挑战,提高推荐系统的推荐效率成了研究的重点。

在很多情况下,虽然协同过滤推荐技术可以提供较高的准确率,但计算成本太高,只能部署在离线场景下,并且已知的评价信息不能随时更新,实时性差。为代替相似度计算,在前面两章都提出了基于支持向量机的推荐方法,并针对不同的需求,实现了不同的推荐策略。这两种方法在预测模型建立时,都需要对提取的特征向量进行求逆运算,如果特征向量的维度比较高,那么计算复杂度将会快速升高,影响推荐速度。即使基于模型的个性化推荐方法在训练阶段都在离线状态下进行,但从整体推荐速度讲,数据量太大也将造成训练时间过长,影响整体推荐速度。

此外,在很多实际场景中,需要动态自适应的推荐算法,能够让新用户、新项目和新评分以最快的速度进入系统,使系统具有一定的实时处理能力,所以实时性是影响推荐准确性的一个重要因素。捕捉用户的实时信息并加以利用可以提高推荐系统对用户兴趣和偏好的变化进行实时掌握,不断调整其推荐策略,增强推荐系统的自适应能力(即对实时信息的处理能力)。同时,在推荐的过程中,也发现了用户对项目的不同属性有不同的关注度。因此,在模型训练时,对不同的属性附加不同的权重(通过对用户配置文件的分析形成定量的表示形式,以发现用户的偏好程度),而不是对所有的属性赋予相同的权重,这样可以突出用户关注度高的属性,是对用户偏好的一种倾向。

为此,在前面研究的基础上,提出了基于对称支持向量机(Twin Support Vector Machine,TWSVM)的个性化推荐方法。首先,采用平滑技术和核减少技术提升推荐算法的效率,并结合用户的行为信息和项目信息等来训练模型;然后,根据用户的反馈数据(用户的评分数据,即用户打的标签)更新训练数据集,来不断更新推荐模型,使模型可以根据用户偏好和兴趣的变化而改变其推荐策略。同时,为体现用户对项目的某种偏好,在训练模型时,对用户关注度高的属性设置较大的权重值,进一步提高推荐的质量。基于 TWSVM 和用户反馈的个性化推荐框架如图 5.1 所示。

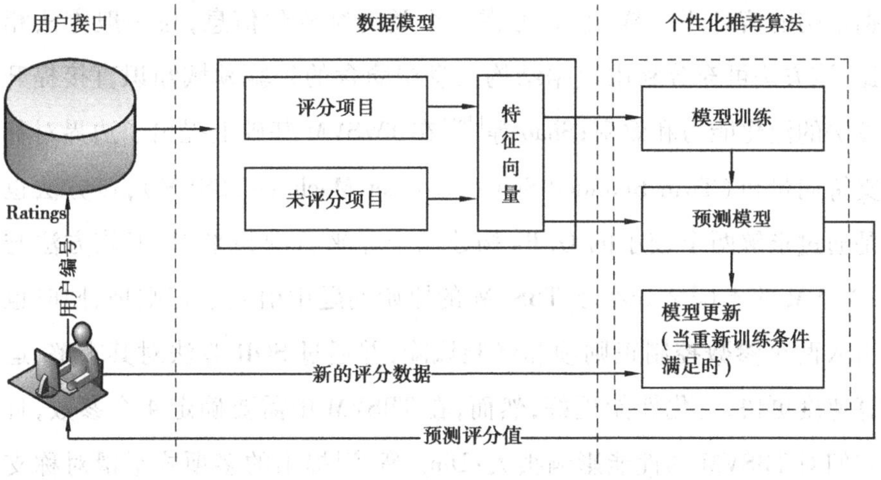

图 5.1　基于 TWSVM 和用户反馈的个性化推荐框架

Fig. 5.1　Framework for personalized recommendation based on TWSVM and user feedback

5.1 对称支持向量机分析

5.1.1 对称支持向量机算法研究分析

虽然对称支持向量机(Twin Support Vector Machine,TWSVM)比传统SVM的运行效率提高了大约4倍,但为进一步降低TWSVM的计算复杂度,学者们提出了不同的解决方案。Kumar等[149]提出了最小二乘对称支持向量机(LSTWSVM),该方法通过求解两个线性方程代替求解QPPs,提高了算法的效率,但该算法对噪声比较敏感;Wang等[150]为提高LSTWSVM算法的分类精度和计算效率在LSTWSVM中引入了流形正则项,提出了ManLSTWSVM算法,该方法的优点是通过直接求解两个线性方程得到两个超平面;Qi[151]为了利用数据的结构信息中隐含的先验领域知识,提出了结构化对称支持向量机,该方法与一般的利用数据结构的信息不一样,它只考虑一个类的结构化信息,与一般方法相比,该方法可充分利用数据结构信息中隐含的先验领域知识直接提升算法的泛化能力和效率;Shao等[161]在TWSVM基础上提出了边界对称支持向量机(Twin Bounded Support Vector Machines,BSVM),该方法也是通过求解两个较小的QPPs构建两个非平行的超平面,但该方法与TWSVM的不同之处在于TBSVM的原始问题中引入了正则项,同时也引入两个参数控制正则项和经验风险,并通过SOR算法对其求解,运算速度更快,泛化性能更好,然而,在TBSVM中需要确定4个参数,且它们对TBSVM的性能影响很大;Ding等[153]提出的多项式平滑对称支持向量机,该方法采用级数展开,并且多项式函数被用来将原始的带约束的二次规划问题转化为无约束的最小化问题;为了能够将对称支持向量机应用到大规模回归问题中，Singh 等[154]提出了核减少的对称支持向量机回归机（Reduced twin support vector regression，RTSVR），该方法主要是通过核减少技术来提高算法的效率。

5.1.2 影响对称支持向量机性能的因素分析

TWSVM 作为传统 SVM 的改进版，在算法复杂度方面得到了很大的降低，同时也可以得到与传统 SVM 相当的分类准确率。影响 TWSVM 性能的因素有很多，下面对影响 TWSVM 性能的主要因素进行分析。

（1）影响 TWSVM 时间复杂度的因素

当求解 TWSVM 的对偶问题 QPPs 时，需要对矩阵 $\boldsymbol{H}'\boldsymbol{H}$ 和 $\boldsymbol{Q}'\boldsymbol{Q}$ 求逆运算，即它需要对大小为$(n+1)\times(n+1)$的矩阵，在模型训练前求解两次矩阵的逆运算。其中，$n\ll m$（维度远远小于样本数），这意味着对于维度比较高的数据集（n 的值很大），将其应用到实践中是比较困难或是不可能实现的。为了解决该问题，本章提出了平滑 TWSVM（Smooth TWSVM，STWSVM），它不需要求解逆矩阵两次，降低了算法的复杂度。同时为进一步在大规模数据集上应用，将核减少技术应用到 STWSVM 中，进一步提升算法的效率。

（2）影响 TWSVM 精确解的因素

在实际应用中，经常遇到求解大规模数据问题。虽然计算原始问题的时间复杂度与计算对偶问题的时间复杂度一样，但 Chappelle 认为在大规模数据集上求解原始问题的 QPPs 具有一些优势[155]。因为当数据集的规模很大时，计算 SVM 的精确解，不可能实现，不得不寻找其近似解。但是对偶问题的近似解往往不能很好地逼近原始问题的精确解，不能满足用户的最终需求。从而，本章通过平滑技术对 TWSVM 进行变换，使得不用求解对偶问题，直接求其原始问题。

5.2 利用平滑技术和核减少技术改进对称支持向量机

5.2.1 对称支持向量机算法

设在 n 维空间中有 m 个数据样本，并将其表示为两个矩阵：$m_1 \times n$ 阶矩阵 $\boldsymbol{A}$ 和 $m_2 \times n$ 阶矩阵 $\boldsymbol{B}$。其中，矩阵 $\boldsymbol{A}$ 属于类别 1，矩阵 $\boldsymbol{B}$ 属于类别 2，并且 $m_1 + m_2 = m$。对于这个问题，传统 SVM 产生一个分类超平面将空间分为两个不相交的空间，每个空间只包含自己类别的样本。而 TWSVM 产生两个不平行的分类超平面，每类样本尽可能靠近对应分类的超平面，并远离其他类的分类超平面。

TWSVM 是针对二分类问题而被提出，它通过求解两个与 SVM 相关的问题得到两个非平行的超平面，每一个问题都比传统 SVM 小。其核心思想是求解一对二次规划问题(Quadratic Programming Problems, QPPs)，而传统 SVM 是求解一个大的 QPP。对于 SVM，所有的样本都分布在 QPP 的约束条件中。但是对于 TWSVM，一类样本点分布在另一类的约束条件中。通过求解两个规模较小的 QPPs(5.1)和(5.2)，代替求解一个大的 QPPs，使 TWSVM 的运算速度比 SVM 更快。

$$
\begin{aligned}
&(\text{TWSVM1}) \quad \min_{\omega^{(1)}, b^{(1)}, y} \frac{1}{2}(\omega^{(1)} + \boldsymbol{e}_1 \mathrm{b}^{(1)})'(\omega^{(1)} + \boldsymbol{e}_1 b^{(1)}) + c_1 \boldsymbol{e}_2' y \\
&\qquad\qquad \text{s.t.} \quad -(\omega^{(1)} + \boldsymbol{e}_2 b^{(1)}) + y \geqslant \boldsymbol{e}_2, y \geqslant 0
\end{aligned} \tag{5.1}
$$

$$
\begin{aligned}
&(\text{TWSVM2}) \quad \min_{\omega^{(2)}, b^{(2)}, y} \frac{1}{2}(\omega^{(2)} + \boldsymbol{e}_2 b^{(2)})'(\omega^{(2)} + \boldsymbol{e}_2 b^{(2)}) + c_2 \boldsymbol{e}_1' y \\
&\qquad\qquad \text{s.t.} \quad (\omega^{(2)} + \boldsymbol{e}_1 b^{(2)}) + y \geqslant \boldsymbol{e}_1, y \geqslant 0
\end{aligned} \tag{5.2}
$$

其中，$c_1, c_2 > 0$ 是参数；$\boldsymbol{e}_1$ 和 $\boldsymbol{e}_2$ 是维度合适的单位向量。

引入拉格朗日乘子和 KTT 条件，得到(5.1)和(5.2)的对偶问题

(5.3)和(5.4)：

$$\text{(The dual of TWSVM1)} \max_{\alpha} e_2'\alpha - \frac{1}{2}\alpha' G (H'H)^{-1} G'\alpha \quad \text{s.t.} \quad 0 \leqslant \alpha \leqslant c_1 \tag{5.3}$$

$$\text{(The dual of TWSVM2)} \max_{\gamma} e_1'\gamma - \frac{1}{2}\gamma' P (Q'Q)^{-1} P'\gamma \quad \text{s.t.} \quad 0 \leqslant \alpha \leqslant c_2 \tag{5.4}$$

其中，$\alpha \in R^{m_2}$，$\gamma \in R^{m_1}$；$H=[A e_1]$，$G=[B e_2]$；$P=[A e_1]$，$Q=[B e_2]$。

设增广矩阵 $u=[\omega^{(1)},b^{(1)}]'$和 $v=[\omega^{(2)},b^{(2)}]'$可以表示为：

$$u = -(H'H)^{-1}G'\alpha \tag{5.5}$$

$$v = (Q'Q)^{-1}P'\gamma \tag{5.6}$$

一旦得到矩阵 u 和 v 的解，就可以得到两个分类平面，如下：

$$x'\omega^{(1)} + b^{(1)} = 0 \text{ 和 } x'\omega^{(2)} + b^{(2)} = 0 \tag{5.7}$$

一个新的数据样本 x 将被分配的类标号为 $s(s=1,2)$，其依据是该样本最接近(5.7)中的哪一个分类平面，也就是：

$$x'\omega^{(s)} + b^{(s)} = \min_{j=1,2} |x'\omega^{(j)} + b^{(j)}| \tag{5.8}$$

其中，$|\cdot|$表示样本点 x 到分类平面 $x'\omega^{(j)}+b^{(j)}=0$，$j=1,2$ 的垂直距离。

简而言之，TWSVM 是求解两个小的 QPPs(5.3)和(5.4)，其优势在于约束条件是有界的且减少了参数的数量。在 QPP(5.3)中只有 m_2 个参数，在 QPP(5.4)中只有 m_1 个参数，而在传统的 SVM 中有 $m=m_1+m_2$ 个参数。经分析，可以发现 TWSVM 比传统的 SVM 要快近 4 倍。首先，传统的 SVM 时间复杂最高为 m^3。其次，TWSVM 求解两个小的 QPPs(5.3)和(5.4)，它们中的每一个的大小约为 $m/2$。从而，TWSVM 与 SVM 的时间比率大约为：

$$O(m^3) \Big/ \left[O\left(2 \times \left(\frac{m}{2}\right)^3\right) \right] = 4。$$

当求解对偶 QPPs(5.3)和(5.4)时，需要求解两次大小为$(n+1)\times(n+1)$的逆运算。然而其优点在于约束条件是有界的且参数减少了。

引入核函数，可以将 TWSVM 扩展到非线性情况，产生非线性超平面：

$$K(x',C')u^{(1)}+b^{(1)}=0 \text{ 和 } K(x',C')u^{(2)}+b^{(2)}=0 \tag{5.9}$$

其中，$C'=[A,B]'$，K 是一个选择合适的核函数。

所以，原始的非线性 TWSVM 对应的超平面(5.9)可以描述为：

$$(\text{KTWSVM1})\quad \begin{aligned}&\min_{u^{(1)},b^{(1)},\gamma}\ \frac{1}{2}\|K(A,C')u^{(1)}+\boldsymbol{e}_1\cdot b^{(1)}\|^2+c_1\boldsymbol{e}_2'\gamma\\ &\text{s.t.}\quad -(K(B,C')u^{(1)}+\boldsymbol{e}_2\cdot b^{(1)})+\gamma\geqslant \boldsymbol{e}_2,\gamma\geqslant 0\end{aligned} \tag{5.10}$$

$$(\text{KTWSVM2})\quad \begin{aligned}&\min_{u^{(2)},b^{(2)},\gamma}\ \frac{1}{2}\|K(B,C')u^{(2)}+\boldsymbol{e}_2\cdot b^{(2)\prime}\|^2+c_2\boldsymbol{e}_1'\gamma\\ &\text{s.t.}\quad (K(A,C')u^{(2)}+\boldsymbol{e}_1\cdot b^{(2)})+\gamma\geqslant \boldsymbol{e}_1,\gamma\geqslant 0\end{aligned} \tag{5.11}$$

引入拉格朗日乘子和 KTT 条件，可得到原始问题(5.10)和(5.11)的对偶问题：

$$(\text{The dual of KTWSVM1})\quad \begin{aligned}&\max_{\alpha}\ \boldsymbol{e}_2'\alpha-\frac{1}{2}\alpha'R\,(S'S)^{-1}R\alpha\\ &\text{s.t.}\quad 0\leqslant\alpha\leqslant c_1\end{aligned} \tag{5.12}$$

$$(\text{The dual of KTWSVM2})\quad \begin{aligned}&\max_{\gamma}\ \boldsymbol{e}_1'\gamma-\frac{1}{2}\gamma'L\,(N'N)^{-1}L\gamma\\ &\text{s.t.}\quad 0\leqslant\alpha\leqslant c_2\end{aligned} \tag{5.13}$$

$S=[K(A,C')\boldsymbol{e}_1]$，$R=[K(B,C')\boldsymbol{e}_2]$；$L=[K(A,C')\boldsymbol{e}_1]$，$N=[K(A,C')\boldsymbol{e}_2]$。

设 $z_1=[u^{(1)},b^{(1)}]'$ 和 $z_2=[u^{(2)},b^{(2)}]'$。进一步，可以得到 Z_1 和 Z_2 的表达式：

$$z_1=-(S'S)^{-1}R'\alpha \text{ 和 } z_2=(N'N)^{-1}L'\gamma \tag{5.14}$$

如果(5.10)和(5.11)被求解并且得到分类面(5.9)，得到一个新样本点的预测类标号与线性情况类似。

5.2.2　利用平滑技术改进对称支持向量机

在本章提出的基于平滑技术的方法中,用 2-范数的松弛变量 y 并带有权重 $c_1/2$,来代替带有权重 c_1 的 1-范数 y 被最小化,见式(5.1)。

$$(\text{STWSVM1})\quad \min_{\omega^{(1)},b^{(1)},y} \frac{1}{2}(A\omega^{(1)}+\boldsymbol{e}_1b^{(1)})'(A\omega^{(1)}+\boldsymbol{e}_1b^{(1)})+\frac{c_1}{2}y'y$$

$$\text{s.t.}\quad -(B\omega^{(1)}+\boldsymbol{e}_2b^{(1)})+y\geqslant \boldsymbol{e}_2,y\geqslant 0 \tag{5.15}$$

采用 Lee 在文献[156]中提出的方法,松弛变量 y 可用下面的式子给出:

$$y=(\boldsymbol{e}_2+(B\omega^{(1)}+\boldsymbol{e}_2b^{(1)}))_+ \tag{5.16}$$

其中,根据$(\cdot)_+$的定义,用"0"来代替向量中的负元素。从而将 y 带入式(5.15),将式(5.15)转化为等价的无约束优化问题,如下:

$$\min_{\omega^{(1)},b^{(1)},y} \frac{c_1}{2}\|(\boldsymbol{e}_2+(B\omega^{(1)}+\boldsymbol{e}_2b^{(1)}))_+\|^2+\frac{1}{2}\|A\omega^{(1)}+\boldsymbol{e}_1b^{(1)}\|^2 \tag{5.17}$$

显然,这是一个不带任何约束的强凸最小化问题。所以该问题具有唯一解。但在(5.17)中的目标函数不是二次可微的。为采用快速牛顿法,采用平滑技术来处理目标函数,使得其可微;并借鉴文献[157]中的方法,用一个非常精确的平滑近似函数来代替$(x)_+$。即采用平滑函数 $p(x,\alpha)$来代替$(x)_+$。比较常见的平滑函数是神经网络中的 sigmoid 积分函数$(1+\varepsilon^{-\alpha x})^{-1}$,对于特定的 $\alpha>0$。平滑函数的表达式如下:

$$p(x,\alpha)=x+\frac{1}{\alpha}\log(1+\varepsilon^{-\alpha x}),\alpha>0 \tag{5.18}$$

从而,将(5.17)改写为:

$$\min_{\omega^{(1)},b^{(1)},y} \frac{c_1}{2}\|p(\boldsymbol{e}_2+(B\omega^{(1)}+\boldsymbol{e}_2b^{(1)}),\alpha)\|^2+\frac{1}{2}\|A\omega^{(1)}+\boldsymbol{e}_1b^{(1)}\|^2 \tag{5.19}$$

其中，α 是平滑参数；$p(x,\alpha)$ 是平滑函数用来近似加号函数 $(x)_+$。本章选择神经网络平滑函数是因为它已经得到了成功的应用[156]。

可以清晰看出，问题(5.17)的解可以通过求解问题(5.19)的同时，使得平滑参数 α 趋向于无穷大。

首先，证明加号函数 $(x)_+$ 和平滑近似函数 $p(x,\alpha)$ 之间平方差的上界。

引理 5.1 对于 $x\in R$ 和 $-r<x<r$，则 $p(x,\alpha)^2-(x)_+^2\leqslant\left(\frac{\log 2}{\alpha}\right)^2+\frac{2r}{\alpha}\log 2$，其中，函数 $p(x,\alpha)$ 是(5.8)中的函数，并且 $\alpha>0$。

证明：

情况 1：当 $-r<x\leqslant 0$ 时，$p(x,\alpha)^2$ 是一个单调递增的函数，从而可得：

$$p(x,\alpha)^2-(x)_+^2=p(x,\alpha)^2-p(0,\alpha)^2=\left(\frac{\log 2}{\alpha}\right)^2。$$

情况 2：当 $0<x\leqslant r$ 时，

$$\begin{aligned}p(x,\alpha)^2-(x)_+^2&=x^2+\left(\frac{1}{\alpha}\log(1+\varepsilon^{-\alpha x})\right)^2+2x\left(\frac{1}{\alpha}\log(1+\varepsilon^{-\alpha x})\right)-x^2\\&=\frac{1}{\alpha^2}\log^2(1+\varepsilon^{-\alpha x})+\frac{2x}{\alpha}\log(1+\varepsilon^{-\alpha x})\\&\leqslant\left(\frac{\log 2}{\alpha}\right)^2+\frac{2r}{\alpha}\log 2\end{aligned}$$

综上可得：$p(x,\alpha)^2-(x)_+^2\leqslant\left(\frac{\log 2}{\alpha}\right)^2+\frac{2r}{\alpha}\log 2$。

从而可以发现：$\lim\limits_{\alpha\to\infty}\left(\frac{\log 2}{\alpha}\right)^2+\frac{2r}{\alpha}\log 2=0$。证毕。

其次，当 α 趋向于无穷大时，(5.19)的唯一解也趋向于(5.17)的唯一解。

定理 5.1 设 $S\in R^{m_1\times n}$，$T\in R^{m_2\times n}$ 和 $b\in R^{m_1\times 1}$。定义一个实数值函数 $f(x)$ 包括(5.17)中的等价函数，并且 $g(x,\alpha)$ 在 n 维实数空间中，包括了(5.19)的 STWSVM1 函数：

$$f(x)=\frac{1}{2}\|(Sx+b)_+\|_2^2+\frac{1}{2}\|Bx\|_2^2 \tag{5.20}$$

和
$$g(x)=\frac{1}{2}\|p((Sx+b),\alpha)\|_2^2+\frac{1}{2}\|Bx\|_2^2 \tag{5.21}$$

并且，$\alpha>0$。

第一，存在$\min\limits_{\alpha\in R^n} f(x)$的唯一解 $\bar{x}$ 和$\min\limits_{\alpha\in R^n} g(x,\alpha)$的唯一解 $\bar{x}_\alpha$。

第二，对于所有 $\alpha>0$，则存在下面的不等式：

$$\|\bar{x}_\alpha-\bar{x}\|_2^2\leqslant\frac{m_1}{2}\left(\left(\frac{\log 2}{\alpha}\right)^2+2\xi\frac{\log 2}{\alpha}\right) \tag{5.22}$$

其中，ξ 定义为：

$$\xi=\max_{1\leqslant i\leqslant m_1}|(S\bar{x}+b)_i|,$$

从而，当 α 趋向于无穷大时，$\bar{x}\alpha$ 趋近于 $\bar{x}$，并且上界为(5.22)给出的上界。

证明：

情况 1：证明唯一解存在。我们知道，对于 $\alpha>0$，$p(x,\alpha)\geqslant(x)_+$以及水平集函数 $L_v(g(x,\alpha))$和 $L_v(f(x))$满足：

$$L_v((x,\alpha))\subseteq L_v(f(x))\subseteq\{x\mid\|x\|_2^2\leqslant 2v\}。$$

所以，$L_v(g(x,\alpha))$和 $L_v(f(x))$是 R^n 中的紧致子集，并且$\min\limits_{x\in R^n} f(x)$和$\min\limits_{x\in R^n} g(x,\alpha)$有解。又因为$f(x)$和 $g(x,\alpha)$是强凸的，所以它们的解具有唯一性。

情况 2：为了确认收敛性，注意到一阶最优化条件以及 $f(x)$ 和 $g(x,\alpha)$是强凸的，从而有：

$$f(\bar{x}_\alpha)-f(\bar{x})\geqslant\nabla f(\bar{x})(\bar{x}_\alpha-\bar{x})+\frac{1}{2}\|\bar{x}_\alpha-\bar{x}\|_2^2=\frac{1}{2}\|\bar{x}_\alpha-\bar{x}\|_2^2;$$

$$g(\bar{x},\alpha)-g(\bar{x}_\alpha,\alpha)\geqslant\nabla g(\bar{x}_\alpha-\alpha)(\bar{x}-\bar{x}_\alpha)+\frac{1}{2}\|\bar{x}-\bar{x}_\alpha\|_2^2=\frac{1}{2}\|\bar{x}-\bar{x}_\alpha\|_2^2。$$

因为对于所有的 $\alpha>0$，p 函数与$(x)_+$函数满足 $g(x,\alpha)-f(x)\geqslant0$，并

结合上面两个不等式,可得:

$$\|\bar{x}_\alpha - \bar{x}\|_2^2 \leqslant (g(\bar{x},\alpha) - f(\bar{x})) - (g(\bar{x}_\alpha,\alpha) - f(\bar{x}_\alpha))$$

$$\leqslant g(\bar{x},\alpha) - f(\bar{x}) = \frac{1}{2}\|p((Sx+b),\alpha)\|_2^2 -$$

$$\frac{1}{2}\|(Sx+b)_+\|_2^2。$$

进一步,应用引理5.1,可得:

$$\|\bar{x}_\alpha - \bar{x}\|_2^2 \leqslant \frac{m_1}{2}\left(\left(\frac{\log 2}{\alpha}\right)^2 + 2\xi\frac{\log 2}{\alpha}\right),证毕。$$

如上所述,对于TWSVM2,对(5.23)改写后,得到(5.24):

$$(\mathbf{STWSVM2})\quad \min_{\omega^{(2)},b^{(2)},y} \frac{1}{2}(B\omega^{(1)} + \boldsymbol{e}_2 b^{(2)})'(B\omega^{(2)} + \boldsymbol{e}_2 b^{(2)}) + \frac{c_2}{2}y'y$$

$$\text{s.t.}\quad -(A\omega^{(2)} + \boldsymbol{e}_1 b^{(2)}) + y \geqslant \boldsymbol{e}_1, y \geqslant 0 \tag{5.23}$$

$$\min_{\omega^{(2)},b^{(2)},y} \frac{c_2}{2}\|p(\boldsymbol{e}_1 + (A\omega^{(2)} + \boldsymbol{e}_1 b^{(2)}),\alpha)\|^2 + \frac{1}{2}\|B\omega^{(2)} + \boldsymbol{e}_2 b^{(2)}\|^2 \tag{5.24}$$

类似的,当平滑参数α趋向于无穷大时,(5.24)的唯一解也趋向于(5.23)的唯一解。充分利用QPPs(5.19)和(5.24)的二次可微,可以采用快速的牛顿法来求解它们,该算法已被证明是二次收敛并带有Armijo步长[156]。

为了求解非线性分类问题,引入核函数来构建非线性分类超平面。两个非线性的TWSVMs(5.10)和(5.11)经过平滑函数处理后,得到对应的改写形式:

$$\min_{u^{(1)},b^{(1)},y} \frac{c_1}{2}\|p(\boldsymbol{e}_2 + K(B,C')u^{(1)} + \boldsymbol{e}_2 b^{(1)},\alpha)\|^2 + \frac{1}{2}\|K(A,C')u^{(1)} + \boldsymbol{e}_1 b^{(1)}\|^2 \tag{5.25}$$

$$\min_{u^{(2)},b^{(2)},y} \frac{c_2}{2}\|p(\boldsymbol{e}_1 + K(A,C')u^{(2)} + \boldsymbol{e}_1 b^{(2)},\alpha)\|^2 +$$

$$\frac{1}{2}\| K(B,C')u^{(2)} + e_2b^{(2)} \|^2 \tag{5.26}$$

上述问题能够产生高度非线性分类超平面,并保持强凸性和可微性。所以,定理 5.1 对(5.25)和(5.26)也成立。同时,也可以采用相同的方法来求解无约束的最优化问题(5.25)和(5.26)。

然而,通过分析式(5.25)和式(5.26)可以发现,在求解它们的时候,存在两个困难。一方面,问题(5.25)具有 m_2+1 个变量,当数据集很大时,m_2 的阶有可能达到百万级别;并且问题(5.26)中也存在类似的情况。另一方面,所产生的非线性分类平面(5.25)是在整个数据集上(用 C 表示)得到,这对于大型数据集来说,将会造成存储困难,使得使用非线性核来解决这样的问题越来越不切实际;并且对于(5.26)也存在类似的情况。为了避免这两个困难,采用类似文献[165]的思想,并将注意力转向核减少的平滑对称支持向量机(Reduced Smooth TWSVM,RSTWSVM)。

5.2.3　利用核减少技术改进对称支持向量机

在现实应用中,经常需要处理大规模数据问题,例如:文本分类以及电子商务的个性化推荐等。特别在大数据时代,大规模数据分析越来越普遍。而传统 SVM 使用非线性核函数分类时,存在着巨大的约束和参数;同时在 TWSVM 和 STWSVM 中也存在,但相比 SVM,它们具有较少的约束条件和参数。为解决大规模数据分类,产生非线性分类超平面,采用与 RSVM 和 RTWSVR 类似的思想,求解小部分数据来代替整个数据集。采用非线性核函数进行大规模数据分类存在两重困难:

①在求解潜在大规模无约束最优化问题(5.25)时采用完整的核函数 $K(B,C')$ 和 $K(A,C')$,将造成计算上的困难,并且在开始求解前就有可能导致内存空间不够;这样的问题在无约束问题(5.26)中也是一样存在。

②当利用非线性分类超平面对一个未知的新样本进行分类时,存在高昂的存储代价和时间代价。无约束最优化问题(5.25),将存储整个数据集 C,它由具有相同类标签+1 数据集 A 和具有相同标签-1 数据

集 B 组成。若矩阵 C 非常大,可能导致高昂的存储代价和计算代价。例如:假设矩阵 A 的大小为 20 000×100,矩阵 B 的大小为 15 000×100,那么矩阵 C 的大小就是 35 000×100。对于一个具有 100 维的数据集,意味着非线性平面(5.25)和(5.26)需要存储 35 000×100 = 3 500 000 个数据。

为解决这两个难题,采用原始样本数据集 m 中一个非常小的随机样本子集 $\bar{m}_1(\bar{m}_1 \ll m)$,称之为$\bar{C}_1$,并用$\bar{C}_1$代替无约束优化问题(5.25)中的 C;同时采用原始样本集 m 中的一个非常小的随机样本子集 $\bar{m}_2(\bar{m}_2 \ll m)$,称之为$\bar{C}_2$,并采用$\bar{C}_2$代替无约束优化问题(5.26)中的 C。这样问题的规模和计算复杂度都将得到降低。

在 STWSVM 中,核函数矩阵 $K(B,C')$ 是一个大小为 $m_2 \times m$ 的矩形矩阵,并且第(i,j)个实体由 $K(B_i,C_j')$ 确定。其中,B_i 和 C_j 分别表示第 i 个和第 j 个模式。在 RSTWSVM 中,矩形矩阵的大小为 $\bar{m}_2 \times m$,并且第(i,j)个实体由 $K(B_i,\bar{C}_{1j}')$ 确定。其中,$\bar{C}_1$大小为 $\bar{m}_2$,是从原始训练样本集中 C 随机选择的训练样本子集。特别地,$\bar{m}_2$ 可能只有 m 大小的 10%,甚至更小。对于核函数矩阵 $K(A,C')$ 和 $K(A,\bar{C}_2')$ 也有类似的情况。为验证 RSTWSVM 算法的有效性和可行性,在无约束最优化问题(5.25)和(5.26)中,采用较小的随机样本集$\bar{C}_i(i=1,2)$作为整个样本集 C 的代表。

5.3 核减少的平滑对称支持向量机(RSTWSVM)算法

5.3.1 算法描述

引入平滑技术,并将式(5.10)和式(5.11)中的 C 代替为$\bar{C}_i(i=1,2)$,得到 RSTWSVM 的二次规划问题,如下:

$$\min_{u^{(1)},b^{(1)},y} \frac{1}{2} \| K(A,\bar{C}_1')u^{(1)} + e_1 b^{(1)} \|^2 + c_1 e'_2 y$$

$$\text{s.t.}\quad -(K(B,\bar{C}_2')u^{(1)}+e_2b^{(1)})+y \geqslant e_2, y \geqslant 0 \tag{5.27}$$

$$\min_{u^{(2)},b^{(2)},y} \frac{1}{2}\| K(B,\bar{C}_2')u^{(2)}+e_2b^{(2)\prime}\|^2+c_2e_1'y$$

$$\text{s.t.}\quad (K(A,\bar{C}_1')u^{(2)}+e_1b^{(2)})+y \geqslant e_1, y \geqslant 0 \tag{5.28}$$

从而得到下面的 RSTWSVM 算法,其描述见表 5.1。

表 5.1　RSTWSVM 算法描述

Table 5.1　The description of RSTWSVM algorithm

算法 5.1 RSTWSVM 算法 Input: A new data point $x \in R^n$ Output: The class label s of x
Step 1: Select the random subset matrix $\bar{C}_i(i=1,2)$. Select the random subset matrixes $\bar{C}_2 \in R^{\bar{m}_2}$ and $\bar{C}_1 \in R^{\bar{m}_1}$ from the original data matrix $C \in R^m$. Specifically, $\bar{m}_1$ and $\bar{m}_2$ may be 10% of m, or even smaller. Step 2: Solve the unconstrained optimization problems. Solve the modified version(5.29) and (5.30) of the STWSVM (5.25) and (5.26), where C is replaced by $\bar{C}_i(i=1,2)$. $$\min_{\bar{u}^{(1)},b^{(1)},y} \frac{c_1}{2}\| p(e_2+K(B,\bar{C}_2)u^{(1)}+e_2b^{(1)},\alpha)\|^2+ \frac{1}{2}\| K(A,\bar{C}_1')u^{(1)}+e_1b^{(1)}\|^2 \tag{5.29}$$ $$\min_{\bar{u}^{(2)},b^{(2)},y} \frac{c_2}{2}\| p(e_1+K(A,\bar{C}_1')u^{(2)}+e_1b^{(2)},\alpha)\|^2+ \frac{1}{2}\| K(B,\bar{C}_2')u^{(2)}+e_2b^{(2)}\|^2 \tag{5.30}$$ where, (5.29) and (5.30) are equivalent to solving (5.10) and (5.11) with C is replaced by $\bar{C}_i(i=1,2)$. Step 3: Determine the separating surfaces. Once the (5.29) and (5.30) are solved, we can obtain the separating surfaces, which are described as below:

续表

$$K(x',\bar{C}_1')u^{(1)}+b^{(1)}=0 \text{ and } K(x',\bar{C}_2')u^{(2)}+b^{(2)}=0 \tag{5.31}$$

where, $(u^{(1)},b^{(1)})$ is the unique solution of (5.29), $(u^{(2)},b^{(2)})$ is the unique solution of (5.30) and the new unseen data x is any input point.

Step 4: Judging the class (+1 or −1) of a new input point belongs to.

A new data point $x\in R^n$ is assigned to class s ($s=1,2$), depending on it lies closest to one of the two planes given by (5.31), i.e.,

$$K(x',\bar{C}_s')u^{(s)}+b^{(s)}=\min_{j=1,2}\left|K(x',\bar{C}_j')u^{(j)}+b^{(j)}\right| \tag{5.32}$$

where, $|\cdot|$ is the same as the formula (6.8).

5.3.2 算法框架

RSTWSVM 算法的框架如图 5.2 所示。

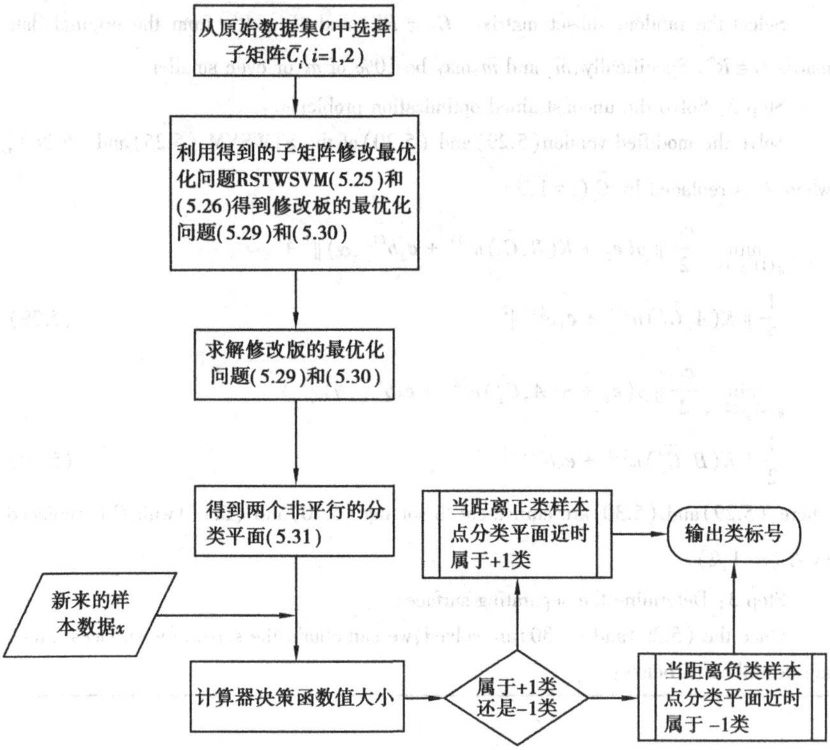

图 5.2 RSTWSVM 算法框架

Fig. 5.2 The frame of RSTWSVM algorithm

RSTWSVM 算法主要包括 4 个步骤：

①利用蒙特卡罗采样，产生两个子矩阵 $\bar{C}_2 \in R^{\bar{m}_2}$ 和 $\bar{C}_1 \in R^{\bar{m}_1}$，其中，$\bar{m}_1$ 和 $\bar{m}_2$ 是 m 大小的 10%，甚至更小。

②利用上一步得到的两个子矩阵对最优化问题(5.25)和(5.26)进行修改，并求解修改后的无约束最优化问题。

③通过求解(5.29)和(5.30)确定分类平面。

④根据新样本 x 到两个平面的距离，判断新样本 x 的类标号。

5.3.3　算法分析

在 RTWSVM 中，仅仅用 $\bar{C}_i(i=1,2)$ 代替 C，并且 $\bar{C}_i(i=1,2)$ 是从 C 中随机挑选的样本构成的矩阵。同时在求解最优化问题时，求解的是原始问题，而不需要求解对偶问题。STWSVM 和 TWSVM 与传统的 SVM 相比具有以下优势：

①提高了算法的效率。当求解对偶 QPPs(5.3)和(5.4)时，TWSVM 需要对矩阵 $\boldsymbol{H}'\boldsymbol{H}$ 和 $\boldsymbol{Q}'\boldsymbol{Q}$ 求逆矩阵，也就是说在模型训练前，它要求对大小为 $(n+1)\times(n+1)$ 的矩阵求解两次逆矩阵。这意味着当数据集的维度 n 比较高时，求解对偶问题是不可能的或对实际应用是不现实的。但是在 STWSVM 中，不需要对大小为 $(n+1)\times(n+1)$ 的矩阵求解两次逆矩阵。与求解对偶 QPPs 问题相比，降低了算法的复杂度。

②避免了由近似对偶解引起的误差。在实际应用中，经常会遇到求解大规模数据问题。虽然求解原始问题的时间复杂度和求解对偶问题的时间复杂度一样，但是 Chappelle 认为在大规模数据问题上，求解原始的 QPPs 具有一些优势[155]。因为当求解大规模数据问题时，求解 SVM 的精确解不可能实现，从而不得不求其近似解，并且对偶问题的近似解往往不能很好地逼近原始问题的解，导致最终不能满足用户的需求。所以，求解原始问题具有一定的优势。

③采用著名的快速牛顿法求解经过平滑技术处理过的原始问题。虽

然已经有很多分解方法被提出并用于求解对偶问题，但是经过平滑技术处理后，可以采用快速牛顿法求解原始问题，并且平滑技术已经被成功用到 SVM 中（SSVM），实验结果也证明了平滑技术的计算效率高于分解方法，如 SOR，SMO 和 SVM^{light} 等。所以，平滑技术与分解方法相比，在求解大规模数据问题上更具有优势。

④利用核减少技术降低了 TWSVM 的空间复杂度和时间复杂度。核减少的 SVM 已经被提出并用于求解非线性的 SSVM，采用矩形核函数 $K(A,\bar{A}')$，其中，$\bar{A}$ 是从原始数据集 A 中随机选择的子集。一般地，$\bar{A}$ 只有 A 的 10%，甚至更小。

采用这种矩形核函数，RSVM 在计算时间和泛化能力方面比采用完全的核函数具有更好的性能[158]，并且也证明了 RSVM 在采用非线性核函数时，相当适合求解大规模数据问题。

为验证 STWSVM 的性能，进行了一系列实验。首先，验证 STWSVM 相对于 TWSVM，SSVM 和 SVM 的性能提升度；其次，展示 STWSVM 使用核减少技术后，处理大规模数据的能力；最后，将经过验证的 STWSVM 应用到个性化推荐中。

5.4 RSTWSVM 算法性能测试结果及分析

为了更好的将提出的方法 RSTWSVM 应用到个性化推荐中，首先通过 UCI 数据集测试该算法的性能，包括时间复杂度、准确度等；然后将经过验证的算法应用到个性推荐中，并评估其推荐效果。

5.4.1 数据集准备

（1）UCI 数据集

从 UCI 机器学习库中选择 10 个数据集[144]来对比分析 STWSVM 和 TWSVM，SSVM 以及 SVM。这 10 个数据集的具体信息如下：

表 5.2　UCI 数据集的信息

Table 5.2　The Information of UCI datasets

Order	Datasets	Attribute	Size
1	Australia	14	690
2	Heart-Statlog	14	270
3	Heart-C	14	303
4	Sonar	60	208
5	Pima-Indian	8	768
6	Bupa liver	6	345
7	Ionosphere	34	351
8	CMC	9	1 479
9	Votes	16	435
10	WPBC	34	198

(2)NDC 数据集

为了测试提出算法在处理大规模数据问题上的性能，选择了 NDC 数据集，它是由 David Musicant 利用数据产生器生成的数据集[159]，是几个著名、公开的标准数据集中的一个。NDC 数据集的详细信息，见表 5.3。

表 5.3　NDC 数据集描述

Table 5.3　Description of the NDC datasets

Datasets	Training data	Testing data	Features
NDC-500	500	50	32
NDC-1k	1 000	100	32
NDC-2k	2 000	200	32
NDC-3k	3 000	300	32
NDC-5k	5 000	500	32

续表

Datasets	Training data	Testing data	Features
NDC-10k	10 000	1 000	32
NDC-50k	50 000	5 000	32
NDC-1l	100 000	10 000	32
NDC-3l	300 000	30 000	32
NDC-5l	500 000	50 000	32
NDC-1m	1 000 000	100 000	32

5.4.2 性能测试结果与分析

该实验通过 UCI 数据集来对比提出的方法相对其他几种方法存在的性能优势。对于每一个数据集,随机选择一部分数据作为训练样本集,剩余的作为测试集。在实验中,TWSVM 的对偶 QPPs 采用 matlab mosek 优化工具箱求解[160],该方法是基于快速内积运算的算法;传统的 SVM 求解采用 LIBSVM 工具箱[161]。每个算法的分类精度是由标准的 10 拆交叉验证方法进行测定。

表 5.4 采用线性核函数的分类结果

Table 5.4 The classification results based on linear kernel

Datasets	STWSVM Accuracy Time/s	TWSVM Accuracy Time/s	SSVM Accuracy Time/s	SVM Accuracy Time/s
Australia (690×14)	86.46±6.1 0.23	85.92±5.81 6.732	89.37±7.23 0.47	**89.42±4.9** 19.27
Heart-Statlog (270×14)	**85.6±6.7** 0.053	85.65±6.8 0.435	83.23±5.9 0.348	83.23±5.6 1.587
Heart-C (303×14)	84.8±5.32 0.083	84.8±6.3 0.527	83.6±5.45 0.531	83.6±5.63 2.235

续表

Datasets	STWSVM Accuracy Time/s	TWSVM Accuracy Time/s	SSVM Accuracy Time/s	SVM Accuracy Time/s
Sonar (208×60)	**79.2±7.8** 0.037	78.1±6.3 0.447	81.3±5.6 0.162	80.2±5.51 1.641
Pima-Indian (768×8)	77.3±5.8 0.015 8	76.9±5.62 7.836	**77.74±5.73** 1.97	77.68±4.51 29.49
Bupa liver (345×6)	66.9±7.78 0.083	66.5±7.75 0.86	67.5±5.2 1.42	**67.8±5.4** 3.65
Ionosphere (351×34)	**88.5±4.54** 0.42	**88.5±5.47** 0.783	**88.5±4.74** 0.65	88.3±4.61 3.87
CMC (1 473×9)	**68.37±2.54** 1.39	**68.37±2.28** 7.53	**68.37±2.94** 2.64	68.37±2.94 38.76
Votes (435×16)	**96.2±2.67** 0.057 2	95.85±2.65 1.683	95.80±3.98 1.457	95.80±2.75 3.265
WPBC (198×34)	**83.84±5.21** 0.024	83.72±5.43 0.65	83.56±4.76 0.36	83.4±4.54 2.18

表 5.4 展示了线性分类情况下,STWSVM 和 TWSVM,SSVM 以及 SVM 在 10 个 UCI 数据集上的分类准确率和训练时间的对比。对于这些数据集,采用 SVM 的最优参数组合 C/σ 来评估其分类准确率,最优参数是在[2^{-10},2^{10}]中搜索而获得。对于 TWSVM 和 STWSVM,对惩罚参数的优化采用网格搜索法,并且搜索的区间也是[2^{-10},2^{10}]。

表 5.5 给出了非线性分类情况下,STWSVM 和 TWSVM,SSVM 以及 SVM 在 5 个 UCI 数据集上的分类准确率和训练时间的对比情况。最优惩罚参数,如在 TWSVM 和 STWSVM 中的 $c_i(i=1,2)$,SSVM 和 SVM 中的 C,以及核函数的参数 σ 都是在区间[2^{-10},2^{10}]被调整为最优参数。在这里采用网格搜索方法。具体的实验结果列在表 5.5 中,其中,黑体字表示最优的结果。

表 5.5 采用非线性核函数的分类结果

Table 5.5 The classification results based on Gaussian kernel

Datasets	STWSVM Accuracy Time/s	TWSVM Accuracy Time/s	SSVM Accuracy Time/s	SVM Accuracy Time/s
Heart-Statlog (270×14)	**85.79±5.63** 0.631	82.87±4.75 1.127	83.81±8.32 0.949	83.4±9.12 6.8
Sonar (208×60)	**90.32±5.8** 1.026	89.74±6.0 2.68	89.45±11.4 1.473	89.12±10.5 5.28
Pima-Indian (768×8)	**77.85±4.35** 2.76	73.37±4.83 42.32	77.36±3.75 38.76	76.15±3.57 114.7
Votes (435×16)	95.82±4.61 1.79	95.3±4.52 3.62	**95.95±4.8** 2.35	95.67±7.3 7.83
WPBC (198×34)	**82.41±4.86** 1.047	82.37±6.91 1.31	81.22±2.87 1.22	80.2±6.92 3.15

从表 5.4 和 5.5 可以发现 TWSVM 的性能要优于 SVM，与文献[102]中的结果一致。在大部分数据集上，STWSVM 和 TWSVM 的分类准确率要明显高于 SSVM。并且 SSVM 比 SVM 的计算速度要快，具有更好的泛化性能。对比 STWSVM 和 TWSVM，可以发现虽然对目标函数进行了稍微的修改，但是 STWSVM 的分类准确率和 TWSVM 几乎一样。实际上，在一些数据集上，STWSVM 与 TWSVM 相比，要么是优于，要么是具有相当的泛化能力。

为了验证核减少的 STWSVM(RSTWSVM)在处理大规模数据问题上的性能(包括计算时间和分类准确率)，采用 David Musicant 生成的 NDC 数据集。对于实验中的 NDC 数据集，设定所有算法的惩罚参数都等于 1(即 $C=1, c_1=1$ 和 $c_2=1$)；高斯核函数的参数设定为 $\delta=2^{-10}$。

表 5.6　线性分类情况比较

Table 5.6　Comparison for linear kernel

Datasets	STWSVM Train/% Test/% Time/s	TWSVM Train/% Test/% Time/s	SSVM Train/% Test/% Time/s	SVM Train/% Test/% Time/s
NDC-3k	79.53 78.14 0.051	78.62 76.31 23.13	79.02 77.86 0.063	79.24 79.43 81.52
NDC-5k	79.8 73.6 0.063	79.68 73.7 58.43	79.63 74.0 0.073 6	79.7 74.3 213.2
NDC-10k	85.8 87.6 0.137	86.37 87.4 1 237.8	86.7 87.3 0.153 7	87.67 85.43 4 169.3
NDC-1l	85.3 86.1 0.972	a	85.7 85.2 1.025	a
NDC-3l	79.2 78.5 2.895	a	79.2 78.63 3.073	a
NDC-5l	78.67 78.61 5.036	a	78.53 78.51 6.273	a
NDC-1m	77.89 77.65 11.46	a	77.31 77.46 13.94	a

[a] Experiments ran out of memory

表 5.6 给出了在线性分类情况下,4 种方法分类准确率和训练时间的对比情况。STWSVM 的运行时间比 TWSVM 要快好几个数量级,且在大部分数据集上具有更高的分类准确率。STWSVM 的运算速度要远快于

TWSVM。当数据集的规模为 10 000 时,TWSVM 出现了内存不足的情况。因为即使 TWSVM 采用的是线性核函数,它仍然需要求解两次逆矩阵,而 STWSVM 不需要,只需求解原始问题。

表 5.7 阐述了在非线性分类情况下,4 种算法在 5 个 NDC 数据集上关于计算时间和分类准确率的比较情况。在计算时间方面,STWSVM,TWSVM 和 SSVM 的计算时间几乎相当,且都快于 SVM。因为 SVM 需要求解一个大的 QPP,其时间复杂度不高于 m^3,而 TWSVM 求解的是两个小的 QPPs,每一个的大小为 $m/2$。进一步可以发现 STWSVM 需要的计算时间最少,然而获得的计算优势没有采用线性核函数情况下高。

表 5.7　非线性分类情况比较

Table 5.7　Comparison for Gaussian kernel

Datasets	STWSVM Train/% Test/% Time/s	TWSVM Train /% Test /% Time/s	SSVM Train/% Test/% Time/s	SVM Train/% Test/% Time/s
NDC-500	99.7 83.7 0.507 3	99.32 81.15 0.738	95.6 83.5 0.647 5	95.0 82.2 3.94
NDC-1k	100 87.56 3.257	98.4 83.0 4.107	96.4 82.3 3.735	95.5 84.3 20.74
NDC-2k	100 91.3 20.85	99.5 87.4 24.96	96.4 83.6 23.8	96.2 90.4 101.3
NDC-3k	100 92.3 65.83	99.54 90.36 83.65	96.8 90.2 67.98	96.5 89.48 217.3
NDC-5k	100 93.0 115.8	99.68 91.32 126.4	97.5 90.4 157.2	97.5 90.3 416.88

表 5.8 阐述了在非线性分类情况下，STWSVM，TWSVM 和 SVM 在 4 个 NDC 数据集上关于计算时间和分类准确率的比较情况，并将核减少技术应用了这 3 种方法中。其主要目的是降低非线性情况下的计算复杂度。在 NDC-3k 数据集上采用减少率 10% 的情况，STWSVM 几乎比 TWSVM 快 7 倍；在 NDC-5k 数据集上采用减少率 10% 的情况，STWSVM 几乎比 TWSVM 快 8 倍。对于 NDC-10k 和 NDC-50k 数据集，由于内存不足，所以没有对 TWSVM 和 SVM 的实验结果进行说明。实验结果表明 STWSVM 的泛化能力要比 TWSVM 更好，特别是在采用核减少技术后。同时，也表明，当采用核减少技术后，STWSVM 比 TWSVM 的计算速度要快很多。原因是即使采用了核减少技术，TWSVM 仍需求解两个 QPPs。

表 5.8　对比应用核减少技术

Table 5.8　Comparison for reduced Gaussian kernel

Dataset (Reduction rate %)	STWSVM Train/% Test/% Time/s	TWSVM Train/% Test/% Time/s	SVM Train/% Test/% Time/s
NDC-3k /10%	93.7 89.5 4.68	94.2 88.3 28.37	92.8 87.5 52.6
NDC-5k /10%	94.32 89.41 6.23	95.0 91.7 47.87	95.3 92.0 138.6
NDC-10k /5%	93.56 91.43 20.32	a	a
NDC-50k /2%	92.87 91.38 87.35	a	a

[a] Experiments ran out of memory

5.5 个性化推荐实验结果与分析

上一节通过UCI数据集验证了RSTWSVM在处理大规模数据方面的性能,包括算法的时间复杂度、算法的准确度等都比较理想。为此,本节将经过验证的算法应用到个性推荐中,并评估其推荐效果。

5.5.1 实验数据集

豆瓣网在国内比较出名,可以提供电影、图书、音乐和其他服务的推荐。当前,该网站上包括13 000部电影数据,并且大多数的电影都包括完整的属性信息,例如:影片名字、导演、演员、电影类型(包括:动作、喜剧、爱情、冒险、恐怖、剧情、科幻、悬疑、卡通等),语言、国别/地区、评分值等。豆瓣网上的电影都是通过五角星进行评分(1~5个五角星),来代表用户对电影的喜欢程度,这意味着用户给的五角星越多,对电影的喜欢程度越高。通过5名计算机专业的研究生(A,B,C,D,E)对电影数据集进行打标签(打分),来收集数据,其中学生E仅用来测试推荐系统的计算时间。经过6个月的收集,产生了6 000个观看历史记录作为数据集。对于打上标签为+1的电影表示正类,对应的评分为4~5个五角星,代表用户喜欢该电影;被打上-1的标签表示负类,对应的评分为1个,2个或是3个五角星,代表用户不喜欢该电影。

5.5.2 实验评估方法

对一个推荐系统,感兴趣的是能够准确识别用户是否喜欢该电影,而不是对每部电影的精确评分进行预测。当然,预测确切的实际评分也是最佳预测模型的任务。为了评价推荐系统的性能,使用分类准确率和总计算时间来衡量。

(1)**分类准确率**

分类准确率是推荐给用户正确的项目数($h_{hits\text{-}u}$)在总的推荐项目中占的比例($r_{recset\text{-}u}$),具体见式(5.33)。并且收集下个月的历史数据作为对最新训练模型的准确率进行指正。

$$p_u = \frac{|h_{hits\text{-}u}|}{|r_{recset\text{-}u}|} \tag{5.33}$$

(2)**总的计算时间(推荐时间)**

总的计算时间包括模型建立时间,计算时间和模型更新的时间。这些时间度量主要是用来评价预测模型的实时学习能力。模型建立时间是从开始到模型建立的时间,也就是数据收集和预处理时间;计算时间包括:训练时间和预测时间;模型更新时间就是重新训练时间和预测更新时间。

(3)**实时性**

实时性是衡量一个推荐系统对新用户和新产品的及时处理能力,对很多网站来说特别重要。关于个性化推荐系统的实时性主要包括两个方面:一是处理用户新需求的能力。用户的爱好和兴趣会随着时间、空间、地点等的变化而变化,个性化推荐系统需要实时更新推荐列表来满足用户的新需求,可以通过推荐列表的变化率来衡量与用户行为相关的实时性。二是处理新项目的能力。对于新加入的项目,一个好的个性化推荐系统应该是可以很好地将其推荐给对应的用户,这主要衡量个性化推荐系统在解决项目冷启动方面的能力。

5.5.3　基于 RSTWSVM 算法的个性化推荐模型

随着大数据时代的到来,出现了信息过载。如何准确、快速地向用户提供所需项目是推荐系统的一个主要任务。为了更好地给用户推荐所需项目,将经过验证的 STWSVM 算法应用到个性化推荐中。

在 SVM 训练阶段,带有+1 标签的样本是正类样本,表示喜欢;带有−1标签的样本是负类样本,表示不喜欢,将它们作为训练样本集,训练预测模型。将得到的模型对一个新来的项目进行预测。在排序和推荐阶段,根据一定的条件对预测的结果进行排序,然后将排序结果作为推荐列表展现给用户。在用户决策阶段,用户判断推荐给他们的项目是否是自己喜欢的项目。并将判断的结果作为新的样本添加到历史数据集中,对预测模型进行重新训练。这样可以保证个性化推荐系统具有动态自适应能力。基于 SVM 和用户反馈的个性化推荐流程,如图 5.3 所示。

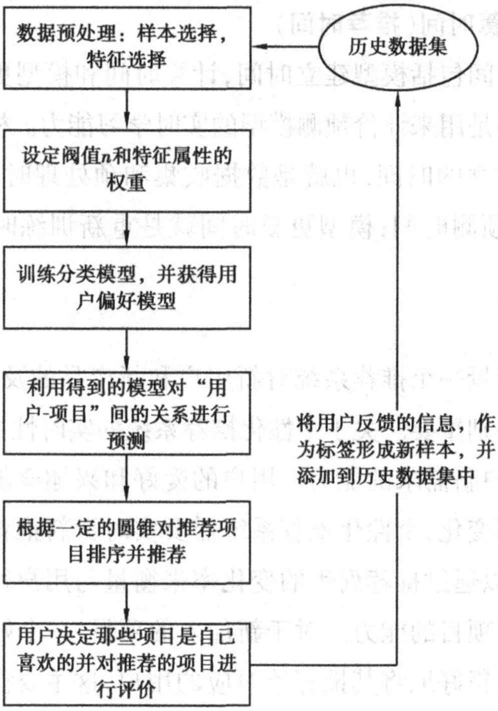

图 5.3　基于 SVM 和用户反馈的个性化推荐流程

Fig. 5.3　Recommendation algorithm based on SVM and user feedback

(1)产品描述

在现实世界中,每一个产品都有自己的属性和特征。用户在选择产品时,会考虑产品的价格、质量、用途等特征,来决定是否购买。假设产品的特征集可以表示为 $h=\{h_1,h_2,\cdots,h_n\}$,那么一个产品可以为:

定义 5.1　(产品):一个产品可以通过很多属性或特征来描述,用一个特征向量将产品描述为：$P=[p_1,p_2,\cdots,p_n]$。

其中，p_i 表示产品的属性。当 $p_i=0$ 表示产品不具有属性 h_i；否则，表示其具有属性 h_i。

(2)**用户偏好模型**

用户偏好模型在整个推荐系统起着重要作用。它通过对用户行为进行跟踪和分析，抽象并描述用户偏好，然后基于用户的历史数据建立预测模型对未知资源预测，为用户提供推荐的资源。用户和产品之间的偏好关系非常复杂，即使有两个比较类似的商品，但是由于消费者的偏好不同，也会影响到推荐系统的准确性。例如两个 DVD 光盘，一个是正版，另一个是盗版，并且它们其他的属性都一样。对于喜欢正版的用户来讲更倾向于购买正版的光盘，正版这个属性在整个购买因素中占有较大的权重。

从上面的分析可以发现，为了使推荐系统能够准确地为用户推荐产品，必须了解用户对产品的喜好，也就是对产品属性中的哪几个属性的关注度更高。这也意味着，不同的属性应该赋予不同的权重，来决定其在购买中的重要性。本章定义了一个权重函数来衡量用户对产品属性的喜欢程度，可以表示为：

$$c_i = w(h_i) \tag{5.34}$$

其中，c_i 代表对产品属性 h_i 的喜欢程度；并且它的取值范围是$[0,1]$，0 代表最不喜欢，1 代表最喜欢。

一个用户是否喜欢一个产品是由该产品的所有属性和对应的权重值共同作用的结果。设 $y_i=c_i * p_i$，那么，产品属性和用户喜欢程度之间相互作用的函数定义为：

$$d = g(y_1,y_2,\cdots,y_n) \tag{5.35}$$

联合 y_i 和函数式(5.34)与式(5.35)，可以得到一个统一的用户偏好模型：

$$d = l(p_1,p_2,\cdots,p_n) \tag{5.36}$$

上面的等式表示用户是否喜欢一个产品是由该产品的所有属性决定。因为用户偏好模型非常复杂，所以，借助于机器学习的方法来模拟用户的偏好模型。

(3)**建立基于 SVM 和用户反馈的个性化推荐模型**

1)推荐模型的输入和输出

训练样本都来自用户已经评价的产品历史数据库中。对于一个产品,可以获得对应的属性特征信息向量 $p(i)$ 和用户偏好(也可以称为用户对产品的"评分")$r(i)$。一般情况下是通过分析配置文件获得这些信息。产品的属性特征向量和对应的评分可以形成一个样本数据:$yb(i)=(p(i),r(i))$。对于用户已经评价的产品,可得到训练时所需的训练样本集和测试所需的测试集。产品的属性特征向量(包括用户对产品的喜欢程度 $c_i=w(h_i)$)作为 SVM 的输入,用户对产品是否喜欢作为输出。对于要推荐的产品,在特征提取后,将形成的产品属性特征作为 SVM 的输入,并对模型进行训练,获得用户偏好预测模型 $d=l(p_1,p_2,\cdots,p_n)$。采用该模型来预测产品并获得用户对产品的喜欢程度(喜欢或不喜欢)。

2)模型描述

建立了用户偏好模型后,就可以采用基于 SVM 的用户偏好模型为用户提供产品推荐,实现从产品的特征 i 到预测喜欢与否。可以发现具有明显喜好的用户,模型可以很好地揭示其偏好特征。所以,建立一个分类模型作为用户偏好模型,实现基于分类模型的个性化推荐。基于 STWSVM 分类模型的个性化推荐模型描述为:

$$\begin{aligned} f(x) &= f(h_{\text{year}},h_{\text{color}},m_1,m_2,\cdots,m_{10},h_{\text{IMDb}}) \\ &= (\omega\cdot(h_{\text{year}},h_{\text{color}},m_1,m_2,\cdots,m_{10},h_{\text{IMDb}}))+b \end{aligned} \tag{5.37}$$

其中,$f(x)$ 是对活跃用户 u_A 关于产品 i 是喜欢与否的预测结果。h_{year},$h_{\text{color}},m_1,m_2,\cdots,m_{10},h_{\text{IMDb}}$ 是产品的属性特征。

因为数据的维度比较高,线性分类模型很难拟合用户的兴趣,使得模型不能得到良好的预测结果。于是引入核函数,实现非线性转换到一个高维的特征空间,增加了特征空间内线性可分的概率。非线性预测模型可以描述为:

$$f(x)=\sum_{i=1}^{l}\alpha_i r(i)k[(h_{\text{year}},h_{\text{color}},m_1,m_2,\cdots,m_{10},h_{\text{IMDb}}),x]+b \tag{5.38}$$

3）模型训练

在实际应用中，当产品被推荐后，可以获得用户关于产品喜好的信息，这样可以将新产生的信息作为新样本加入样本数据集中。新样本可能提供了用户的最新偏好信息，这对提升推荐系统的自适应能力特别有利。所以，需要对用户偏好模型进行实时的更新。这意味着当有新样本加入样本数据库中，就需要在新的数据集上对预测模型进行重新训练，来提升现有模型的性能，增强了模型的自适应能力。当然需要设置一个阈值 n 来确定重启模型训练。当加入样本数据库中的新样本数量等于 n 时，重新对模型进行训练，阈值 n 可根据实验来确定。

假设当前的训练模型可以表示为 SVM(i)，如果有 n 个新样本加入数据集中，满足了模型重新训练的条件，启动重新训练，并获得新的预测模型 SVM(i+1)。可以发现 SVM(i+1) 可以利用一些与 SVM(i) 相关的信息，例如属性的权重信息、阈值 n 等。也就是说在 SVM(i) 的基础上，SVM(i+1) 对权重和阈值进行必要的调整来提升预测模型的性能。

5.5.4　推荐结果及分析

如上所述，基于 STWSVM 的个性化推荐系统被设计并用于实验，来验证其有效性。图 5.4 给出了 STWSVM 采用线性核函数情况下，4 个用户每个月的准确率。

图 5.5 展示了 STWSVM 在非线性情况下，4 个用户每个月的推荐准确率曲线。

根据上面的实验结果，在非线性情况下（Gaussian 核函数）的平均预测准确率要高于线性情况。采用高斯核函数的平均正确率为 69.78%；而线性情况下的平均准确率为 65.22%。在这些实验中，分类的准确率随着训练样本的增加而提高。这意味着动态样本更新策略对提高推荐系统的自适应能力比较有效。

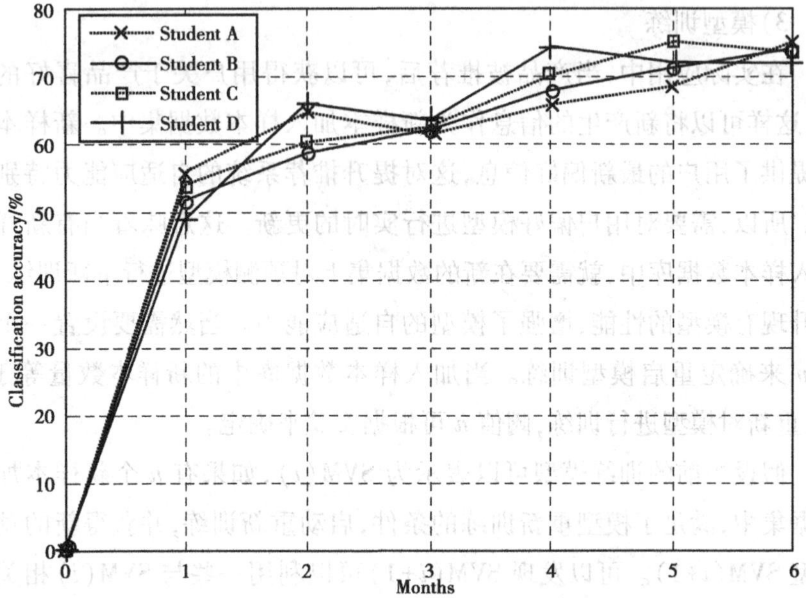

图 5.4 基于 STWSVM 线性分类的推荐准确率

Fig. 5.4 Classification accuracy of STWSVM using linear kernel function

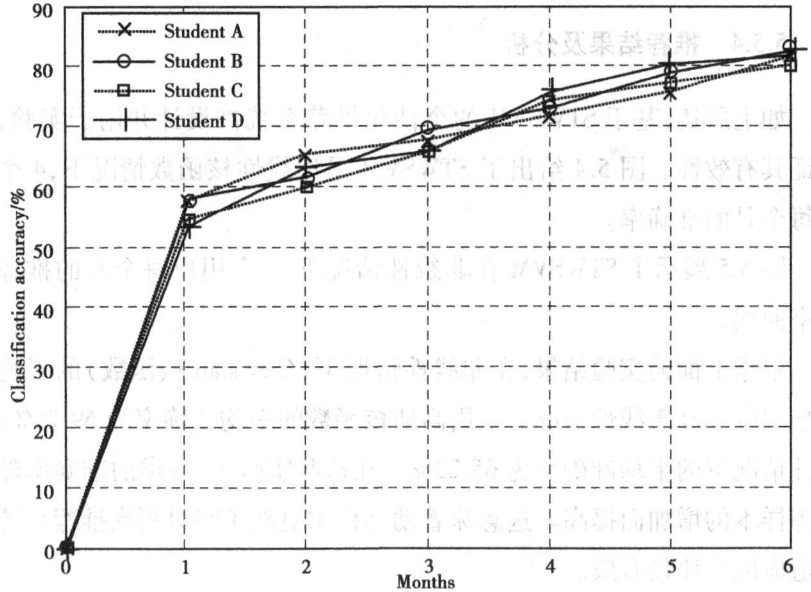

图 5.5 基于 STWSVM 非线性分类的推荐准确率

Fig. 5.5 Classification accuracy of STWSVM using Gaussian kernel function

为了进一步验证提出的个性化推荐模型的有效性。通过两个实验来对比和研究提出模型的性能。对比分析的方法有：关联法，BP 神经网络和 SVM。本章主要集中在模型的分类能力和计算能力方面的研究。

首先，对比分析平均分类准确率。

为了测试不同方法的分类能力，随机选择 500 个样本作为训练集，50 个样本作为测试集。分类结果如图 5.6 所示。从图中可以看出 STWSVM 的分类准确率要高于关联分析法，SVM 和 BP 神经网络。在训练样本数量为 500 时，STWSVM 的分类准确率高达 83.6%，然而关联分析法的准确率为 71.8%，BP 神经网络的准确率为 78.7%，SVM 的准确率为 82.5%。

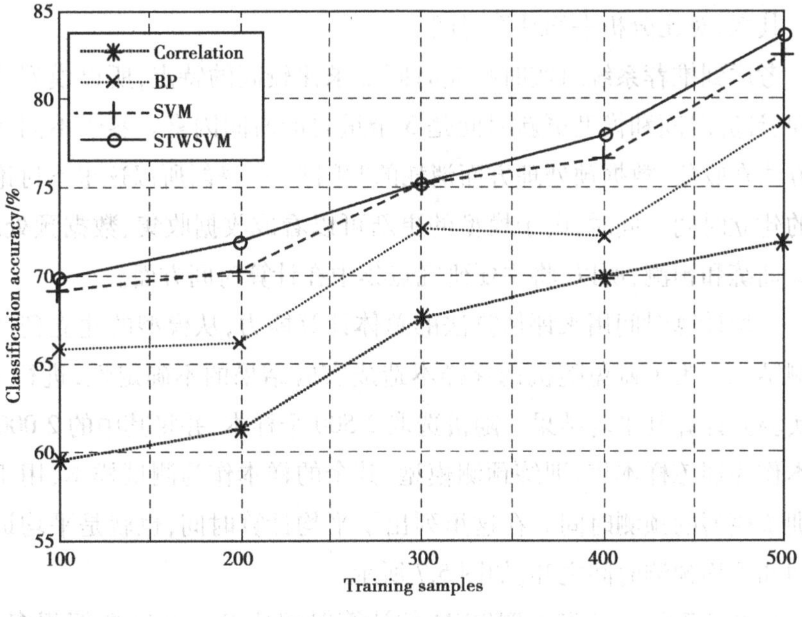

图 5.6　分类准确率

Fig. 5.6　Classification accuracy

STWSVM，BP 和 SVM 的平均分类准确率和偏移量见表 5.9。由于关联分析法仅运行了一次，所以没有将其列在表中。可以发现 BP 神经网络的偏移量比 STWSVM 和 SVM 的大。意味着 BP 神经网络不太稳定，不适合实际应用。在训练样本为 300 时，SVM 的平均分类准确率为 75.4% 比 STWSVM 的 75.1%要高，但从总体上看，STWSVM 比 SVM 更有优势。

表 5.9 3 种方法的平均分类准确率

Table 5.9 The average classification accuracy of three methods

	100	200	300	400	500
STWSVM	69.9±2.91	71.9±2.8	75.1±2.26	77.8±2.53	83.6±1.64
SVM	69.1±3.1	70.2±2.5	75.4±2.35	76.6±2.14	82.5±1.87
BP	65.8±4.8	66.2±3.6	72.7±3.87	72.1±3.27	78.7±4.42

对比研究结果表明,STWSVM 比其他 3 种方法在电影个性化推荐中具有更高的分类准确率。

其次,对比分析平均计算时间。

考虑到推荐系统对实时响应时间要求比较高的特点,所以模型建立时间、计算时间和模型更新时间是 3 个重要的时间因素。鉴于不同的预测方法在收集、数据预处理方面消耗的时间基本一样,所以这里不讨论模型的建立时间。同时,由于模型的更新可以看成收据收集、数据预处理、模型训练和预测,所以,将主要研究点集中在计算时间方面。

平均计算时间用来评估算法的总体计算能力,从模型的建立到产生预测结果。为了避免随机选择样本造成实验结果的不确定性,进行了 5 次实验并计算其平均结果。随机选取 2 500 个样本,并将其中的 2 000 个样本作为训练样本集,训练预测模型,其余的样本作为测试样本,用于测试训练模型的预测时间。在这里列出了平均计算时间,也就是平均训练时间和平均预测时间之和,如图 5.7 所示。

从图 5.7 可以发现,STWSVM 的计算时间比 BP、SVM 要短很多,它几乎比 SVM 快 3 倍。因为 SVM 需要求解一个大的 QPP,而 STWSVM 求解两个小的原始 QPPs,而不是对偶问题。比较 SVM 与 BP,可以清楚发现 SVM 比 BP 神经网络要快得多,因为 BP 神经网络的收敛速度比 SVM 慢得多,所以 BP 神经网络需要更多的时间来训练模型。值得一提的是,在实际应用中,用户的数量非常庞大,关联分析法需要更多的时间来计算相似度,即使它不需要花费时间来训练模型。这里采用 5

个用户来测试其计算时间,对应的计算时间高达 342.7 s。从而,对于同样的数据集,与其他 3 种方法相比,基于关联分析的方法需要更长的计算时间。

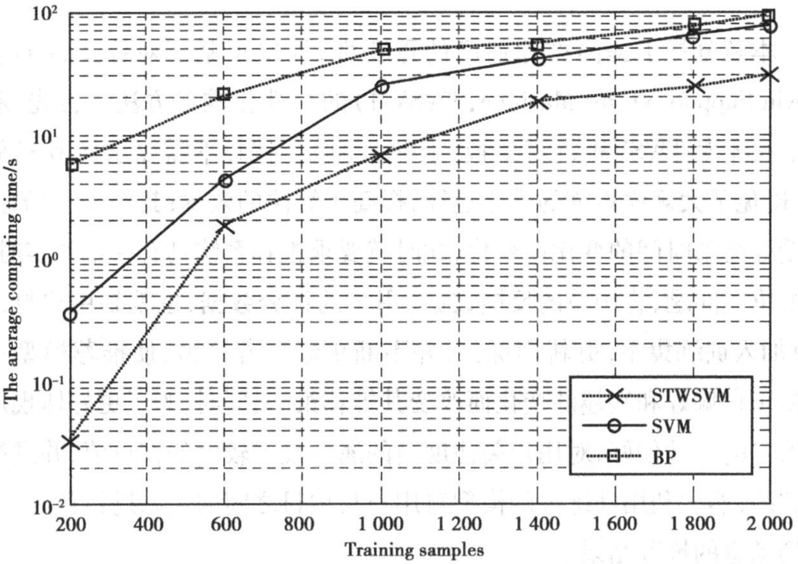

图 5.7　平均计算时间

Fig. 5.7　The average computing time

从上面的研究可以发现 STWSVM 在个性化推荐中具有更优秀的计算能力。特别是在大规模推荐问题上,计算能力表现得更加突出。因为 STWSVM 求解的是原始问题,而不是对偶问题,避免了高维矩阵的求逆运算,提高了模型的训练速度。在大数据时代,随着数据集规模的不断增长,为了处理大规模数据问题,正如本章实验的做法,可以将核减少技术应用到 STWSVM 中。这为大数据时代的个性化推荐提供了很好的参考,可以提供较好的在线个性化推荐服务。

5.6 本章小结

本章分析了提高推荐速度的重要性,提出了基于对称支持向量机(Twin Support Vector Machine,TWSVM)的个性化推荐方法。首先,利用平滑技术对 TWSVM 进行变换,求解其原始问题,不需要求解其对偶问题,避免了大规模矩阵的求逆运算,提高了算法的效率;其次,用户的兴趣和爱好会随时间的变化而变化,此时就要求推荐系统具有一定的实时性,为解决此问题,将用户的反馈数据(用户的评分数据,也就是用户打的标签)加入训练集中,更新训练集,并不断更新推荐模型,使推荐模型可以根据用户偏好和兴趣的变化而改变其推荐策略;同时,为了更好体现用户对项目的某种偏好,对用户关注度高的属性设置较大的权重值,并进行模型训练,然后利用训练好的模型对用户与项目之间的关系进行预测,可以得到满意的推荐结果。

第 6 章 基于主动学习的半监督直推式支持向量机推荐方法

在前面的 3 章中建立了基于分类模型和回归模型的个性化推荐方法，并且都利用了用户的行为信息和项目的内容信息，但在实际应用中，这些数据中绝大部分都没有标签信息，而有标签的数据却很少，对发现用户潜在的兴趣和偏好相当不利。如何利用有限的有标签数据和大量的无标签数据建立"用户-项目"之间的关联关系模型，并预测用户对项目的兴趣和偏好，从而实现在标签数据稀少情况下的高质量个性化推荐成了亟待解决的问题。半监督学习和主动学习恰好可以很好地解决对无标签数据的利用问题。半监督学习是针对自己可以了解到的关于无标记数据的一些信息，对无标记数据进行标注并利用；相反，主动学习是探索无标签数据的未知信息，根据一定的策略对这些无标签的数据进行查询并借助领域专家对其标注。这样可以利用少量的有标签的"用户-项目"关联关系数据和大量的无标签的"用户-项目"关联关系数据建立基于模型的个性化推荐方法，并在一定程度上提高对用户潜在兴趣和偏好的发现能力。

为此，提出了基于主动学习的半监督支持向量机推荐算法(Semi-supervised Learning combining Transductive Support Vector Machine with Active Learning, ALTSVM)来解决该问题。该方法利用主动学习策略中的

可行域划分最小化原则来选择信息量最大的样本进行标注(目的是获得对分类器提升最有价值的样本集,并且使该样本集尽可能的小,从而降低标记样本的代价);同时为了在训练的过程中对无标签数据的分布特征进行很好的利用,在分类模型中引入了基于图的流形正则项,进一步提升模型对无标签数据中隐含的有价值的分布信息的利用能力,来训练半监督直推式支持向量机分类模型。

同时,为了更好地利用用户有价值的评论信息,通过对用户的评论信息进行挖掘,并将有价值的评论信息加入特征向量中进一步利用用户的标签数据(评价信息在一定程度上反映了用户的某种偏好和兴趣),这样可以进一步挖掘用户潜在的兴趣和偏好。

图 6.1 描述了基于主动学习的半监督直推式支持向量机并结合用户的评论信息进行个性化推荐的框架。该推荐方法利用主动学习来查询那些对分类器性能提升最有利的样本,并将其提交给用户,然后用户标记提交的无标签样本,得到有标签的样本并将其加到训练数据集中,对模型进行重新训练,得到新模型,反复迭代,不断提升个性化推荐系统的推荐质量,直到满足结束条件。同时,为了进一步改进推荐系统的推荐质量,将用户有价值的评价信息加入了训练数据中。

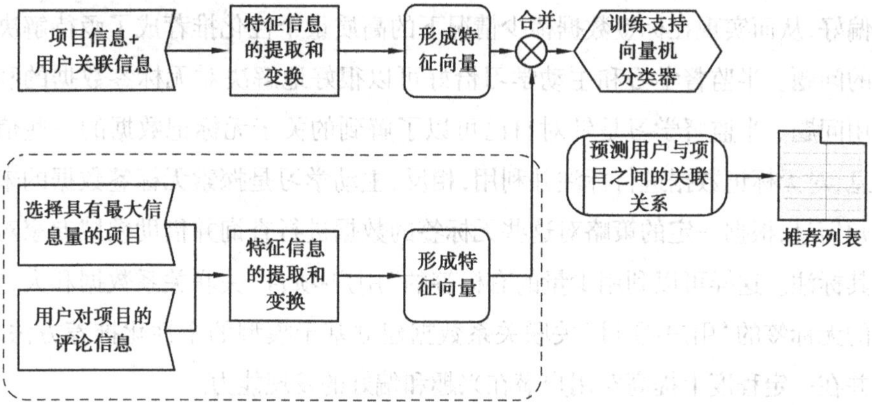

图 6.1　基于主动学习的半监督支持向量机与用户评论的个性化推荐方法

Fig. 6.1　Personalized recommendation method based on ALTSVM and User Reviews

6.1 半监督支持向量机、主动学习和基于图的方法

6.1.1 半监督直推式支持向量机

(1)直推式支持向量机算法

直推式支持向量机(Transductive Support Vector Machine,TSVM)是基于低密度分割假设的最大间隔分类方法。与传统的支持向量机非常类似,其寻找具有最大间隔的分类超平面作为最优分类超平面,同时考虑无标签数据和有标签数据来训练分类模型。TSVM 算法的详细概念可以参考文献[162]。

假设一组独立同分布的有标签样本:

$$\{(x_1,D_1),\cdots,(x_i,D_i)\} \in R^n \times R, i=1,\cdots,l,$$
$$y_i = \{-1, +1\} \tag{6.1}$$

以及无标签样本:

$$\{x_{l+1},\cdots,x_{l+u}\} \tag{6.2}$$

在一般情况下,TSVM 的学习过程可以认为是求解下面最优化问题的过程:

$$\min(y_1,\cdots,y_n,w,b,\xi_1,\cdots,\xi_l,\xi_{l+1},\cdots,\xi_{l+u})$$
$$\frac{1}{2}\|w\|^2 + C_1\sum_{i=1}^{l}\xi_i + C_2\sum_{i=i+1}^{l+u}\xi_j \tag{6.3}$$

$$\text{subject to:} \quad \forall_{i=1}^{l}: y_i[w\cdot x_i+b] \geqslant 1-\xi_i; \xi_i \geqslant 0$$
$$\forall_{i=l+1}^{l+u}: y_j[w\cdot x_j+b] \geqslant 1-\xi_j; \xi_j \geqslant 0$$

其中,C_1 和 C_2 由用户设定,用于控制对错分样本的惩罚。C_2 为训练过程中无标签数据的“影响因子”;$C_2\xi_j$ 被称为第 j 个无标签样本在目标函数中的“影响项”。

TSVM 的训练过程如下所述。

步骤一：设置参数 C_1 与 C_2，采用归纳学习方式训练有标签的样本，并得到一个初始分类器。设定无标记样本中正类样本的估计个数 N。

步骤二：利用初始分类器对所有无标签样本计算其决策函数值。将决策函数值比较大的前 N 个无标签样本标记为正类样本，并且把剩下的无标签样本标记为负类样本。设定 C_{temp} 为一个临时影响因子。

步骤三：在标记的所有样本上重新训练 SVM 模型。对于新产生的分类器，根据使目标函数(6.3)下降尽可能大的原则，交换每一对样本的标签，直到没有满足交换条件的样本，否则重复该过程。

步骤四：对 C_{temp} 的值进行均匀增大，并返回步骤三。当 $C_{temp} \geqslant C_2$ 时，算法终止，返回所有未标记样本的标签。

(2)直推式支持向量机分析

TSVM 能得到比传统归纳式学习更好的性能，但也存在一些缺点。例如目标函数是非凸的二次规划问题(称为"非凸"问题)，导致了求解的难度；参数 N 必须预先设定(称为"预设 N"问题)；并且也没有结论得出对无标签数据利用得越多，那么对提升分类器的性能就越有效。事实上，因为标签由分类器产生，可能将错误的标签数据加入训练样本中，错误的标签对分类器性能的影响很大(称为"无标签数据利用"问题)。

对于"非凸"问题，在过去十几年，学者们采用了很多方法试图解决这个关键问题。Chapelle 等[163]提出结合平滑损失函数的半监督分类，并采用梯度下降的方法在低密度区域中寻找决策分类面，然而这样的近似方法不能满足精度的需求[164]。Chapelle 等[165]提出了另外一种方法称为分支定界法，来寻找精确的、全局最优解。但是，因为这种方法涉及大规模计算，所以它只适合小规模样本问题。为了处理大规模数据问题，文献[60]提出了大规模 TSVM，也是第一次将高度可扩展的算法应用到 TSVM 中，被称为改进的 TSVM"凹-凸"算法。

对于预设 N 问题，一些 TSVM 改进版被提出[166,167]。其中，文献[166]提出的改进版被称为 PTSVM。该算法根据最大化决策函数值的绝对值，同时标记一个正类样本和一个负类样本。虽然该方法提升了

TSVM 的性能,但是该方法只适合小规模的无标记样本集。因为对于大规模的无标记样本集,需要频繁的标记和交换标签,将导致算法复杂度急剧升高。文献[167]为了解决遥感问题,通过对无标记样本进行加权并加入时间戳,提出了一种新的 TSVM。

为了解决无标签样本利用问题,周志华等[168]指出利用无标记数据可能使得分类器的性能下降,并且与只采用有标签的数据相比,泛化能力更糟。他们提出了 S3VM-us 方法,该方法采用启发式聚类来选择无标记样本从而降低分类器性能下降的可能性。Settles[169]在文献中表明,主动学习和半监督学习是从相反的方面来解决无标记样本利用问题。半监督学习是从它所知道的无标记的样本信息来解决标记问题;而主动学习从另外一方面来解决。主动学习是通过一定的策略选择信息量最大的样本进行查询,并提交给领域专家进行标注。主动学习的目标是获得尽可能小并且对分类器提升最大的样本集,从而降低获得样本的代价。因此,结合主动学习与半监督学习可以更好地对无标记样本进行利用。

6.1.2　主动学习

传统的机器学习方法是在给定的有标签样本集上进行训练、学习,归纳出学习模型,称为“归纳学习”。但在实际应用中,有标记的样本非常有限,并对大量的无标签样本进行标注是非常耗时、耗力、枯燥的,为了尽可能地降低标注成本,减小训练样本集,提出了主动学习的方法来解决有标签样本缺乏的问题,优化分类模型。对于主动学习,学习器可以主动选择对分类器提升最有利的无标签样本(即包含信息量最大的样本)并将其提交给用户或领域专家进行标注,然后将标记后的样本作为有标签的数据加入训练样本集中参与下一轮的训练,从而使得在训练集较小的情况下,可以得到较高的分类准确率,这样可以降低标注样本的代价,从而也降低了训练高性能分类器的代价。

针对问题的场景和样本选择策略的不同,将主动学习分为以下 3 种:成员资格查询(Membership Query Synthesis)、基于流的选择性采样

(Stream-based Selective Sampling)和基于池的选择性采样(Pool-based Sampling)。关于这3种方式的不同之处如图6.2所示。

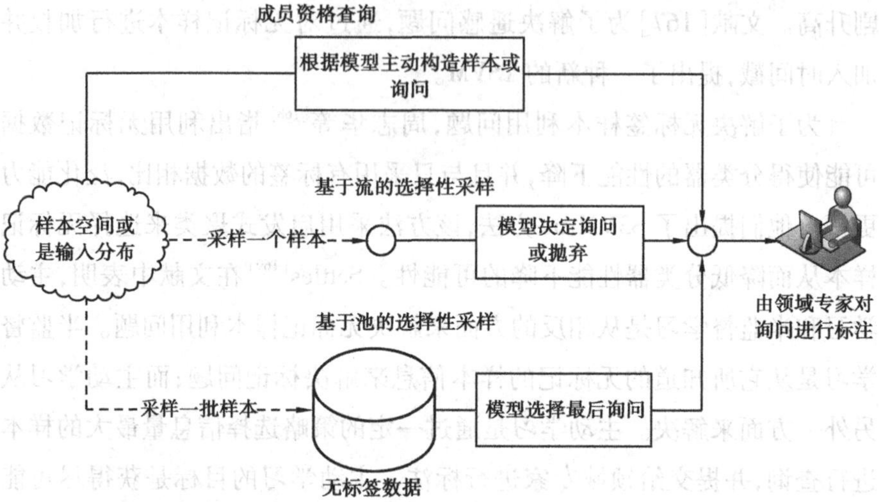

图6.2　主动学习的3个主要场景

Fig. 6.2　Three main active learning scenarios

①成员资格查询:这种方式产生的询问由自己构造,并且在原来的样本集中可能不存在。同时,产生的所有样本属性值都是根据自己的标准,其主要目标是构造对提升学习器性能最好的询问。

②基于流的选择性采样:在这种方式中,未标记的样本根据先后次序,逐个被提交给选择引擎,然后由选择引擎决定标注与否,如果不标注,就将其抛弃。基于流的选择性采样可通过调整的方法来适应基于流的不同情况。但基于流的选择性采样无法实现对未标注样本的逐一比较,需要根据一定的原则设定样本的评价指标和对应阈值,如果提交给选择引擎的样本评价指标超过了阈值,就标注。因为针对不同的应用问题,需要设置不同的调整阈值,因此该方法难以推广。

③基于池的选择性采样:在这种方式中,维护一个未标记样本池,并且根据一定的原则,选择引擎从这个池中选择需要标注的样本。基于池的采样是目前研究最为成熟的方法。根据样本选择策略的不同将该方法分为:基于不确定度缩减的方法、基于版本空间缩减的方法、基于未来泛

化错误率缩减的方法和其他方法。

在主动学习策略中，主要是确定哪一个未标记样本的信息量最大或最不能确定而被询问，而这个询问策略是研究的重点。朱晓瑾等[170]提出了一种新的半监督学习框架，该方法采用高斯随机场的主动学习与调和函数相结合，通过能量函数的大小来选择未标记的样本。Hassanzadeh等[171]提出了混合主动学习与半监督学习来序列标记，该方法可以极大地降低人工标记成本，它只对那些不确定性高的未标记样本进行标注，其他的序列和子序列采用自动标注的方式。

针对基于项目内容的推荐，“用户-项目”间的关联（用户给项目打的标签）信息比较少。而 TSVM 可以很好地对无标签数据进行利用，来提高分类器的预测准确率，是一种解决标签匮乏的有效方法。但由于其存在的缺点，使得它在现实应用中的效果不是很理想。在上面介绍的研究成果的启发下，本章提出了基于主动学习的半监督支持向量机算法，可以将这两种算法的优点结合起来，克服 TSVM 的缺点，选择对分类器提升度最大的样本，大大减轻了用户的标注负担。

6.1.3 基于图的方法

基于图的半监督学习是一种比较流行的方法，该方法假设相似样本具有相似的类标号。首先要创建一个全连通图，其中，“顶点”是有标签和无标签的样本；“边”用于连接任何两个顶点 i 和 j 并且带有权重 $W_{i,j}$，代表每对顶点间的相似度。

关于图的方法有很多，它们之间的不同之处在于损失函数和正则化项选择的不同。Zhu 等[172]将高斯场和调和函数应用到半监督学习中，引入了一个二次损失函数，对于标记的样本具有无穷大的权重，并混合无标记的样本，对于这些无标记的样本附加一个基于图的拉普拉斯正则项。全局和局部一致性方法带有规范化的拉普拉斯，因为正则项和二次损失函数已被文献[173]提出。Blum 和 Chawla[174]提出的算法是基于图的最小划分，也就是采用样本之间成对的关系来学习。在文献[163]和[175]

中,还探讨了基于边界和基于流形的正则化。

正则化框架可以描述为一个优化问题带有两个正则项和任意的损失函数,即

$$\arg\min_{f\in H_k}\sum_{i=1}^{l}V(x_i,y_i,f)+r_H\|f\|^2_H+r_M\|f\|^2_M \tag{6.4}$$

其中,第一项表示一种特定的损失函数,例如:在 SVM 中的 Hinge 损失函数,主要用于增强两种不同类别样本的分布具有大的间隔。第二项倾向于使决策函数成为一个简单的分类器,并且 r_H 是 $\|f\|^2_H$ 的权重用于控制决策函数 f 在再生希尔伯特空间 H_k 中的复杂度。第三项强迫相似的样本具有相似的输出,根据所有训练样本的相似度权重矩阵 W。参数 r_M 是 $\|f\|^2_M$ 的权重,用于控制函数复杂度在边缘分布的内在几何结构上,$\|f\|^2_M$可以惩罚 f 沿着瑞利分布的流形 M。

流形正则化可以定义为:

$$\|f\|^2_M=\frac{1}{(l+u)^2}\sum_{i,j=1}^{l+u}W_{i,j}(f(x_i)-f(x_j))^2=f^{\mathrm{T}}Lf \tag{6.5}$$

其中,$f=[f(x_1,\cdots,f(x_{l+u}))]^{\mathrm{T}}$ 在有标签样本和无标签样本上得到的一个向量,并且 f 定义为:$f=(w\cdot x)+b=(w\cdot\phi(x))+b=\sum_{i=1}^{l+u}\alpha_iK(x_i,x)+b$,$\phi$ 是一个从低维空间到高维希尔伯特空间 H 的非线性映射,K 是一个特定的核函数;L 是图的拉普拉斯矩阵,表达为 $L=D-W$,并且 D 是一个对角阵,它的第 i 个对角为 $D_{ii}=\sum_{j=1}^{l+u}W_{ij}$,$W_{ij}$在数据邻接图中是边的权重。

6.2 正则化框架和样本选择策略

本节提出了一种新的基于主动学习的半监督学习算法,它结合了半监督学习与主动学习,称之为 ALTSVM 算法。首先,为利用数据的流形结构,在目标函数中增加一项正则项,用于惩罚邻居样本中拉普拉斯图的

任何评价函数值的突变。其次,提出一种新的无标签数据选择原则用于主动学习,称为“最小-最大化”原则。最后,对提出的算法 ALTSVM 进行详尽的描述。

6.2.1　增加流形正则项到目标函数

增加一个正则项(定义在无标签样本上)到传统的 SVM 最优化函数中,得到下面的 TSVM 最优化问题:

$$\min \frac{1}{2}\|w\|^2 + C_1\sum_{i=1}^{l} H_1(y_i f(x_i)) + C_2\sum_{i=l+1}^{l+u} H_1(|f(x_i)|) \tag{6.6}$$

其中,$H_1(\cdot)=\max(0,1-\cdot)$是经典的 Hinge 损失函数用于对有标签样本的惩罚,$H_1(|\cdot|)=\max(0,1-|\cdot|)$是对称 Hinge 损失函数用于对无标签样本的惩罚。在式(6.6)中,当 $C_2=0$ 时,对应的就是传统的 SVM 最优化问题;当 $C_2>0$ 时,将对无标签样本进行惩罚。但是这个最优化问题是一个非凸函数,导致求解比较困难。

Collobert 等[60]提出了 CCCP 近似优化技术,该方法将非凸函数分解为凸部分和凹部分,然后迭代求解。在算法 CCCP 每次迭代中,凹部分通过它的切线并最小化凸函数。在文献[60]中,用于无标签数据的损失函数由 Ramp 损失函数代替,并将它分解为一个 Hinge 损失函数和一个凹损失函数之和。Ramp 损失函数表达为:

$$R_s(z) = H_1(z) - H_s(z) = \min(1-s, \max(0, 1-z)) \tag{6.7}$$

其中,$H_1(z)$是 Hinge 损失函数;$H_s(z)$是凹损失函数,其对应的表达式为:$H_s(z)=\max(0,s-z)$,s 是一个预设的参数,使得$-1<s\leqslant 0$。在本章,设定 $s=-0.3$。

训练 TSVM 从本质上等价于训练附加了一些条件的传统 SVM。即采用 Hinge 损失函数 $H_1(z)$对有标签样本的惩罚,将 Ramp 损失函数 $R_s(z)$用于对无标签样本的惩罚,其中每一个无标签的样本将会出现两次,并且被赋予的标号也有两种可能。

在引入下面的元素后:

$$y_i = 1, i \in [l+1, \cdots, l+u]$$

$$y_i = -1, i \in [l+u+1, \cdots, l+2u] \tag{6.8}$$

$$x_i = x_{i-u}, i \in [l+u+1, \cdots, l+2u]$$

式(6.6)可改写为：

$$\min \frac{1}{2}\|w\|^2 + C_1\sum_{i=1}^{l} H_1(y_i f(x_i)) + C_2\sum_{i=l+1}^{l+2u} R_s(y_i f(x_i)) \tag{6.9}$$

根据文献[60]，CCCP 求解 TSVM 对应的目标函数如下：

$$\min \frac{1}{2}\|w\|^2 + C_1\sum_{i=1}^{l}\xi_i + C_2\sum_{i=l+1}^{l+2u}\xi_i + \sum_{i=l+1}^{l+2u}\beta_i f(x_i) \tag{6.10}$$

$$\frac{1}{u}\sum_{i=l+1}^{l+2u} f(x_i) = \frac{1}{l}\sum_{i=1}^{l} y_i$$

$$y_i f(x_i) \geqslant 1 - \xi_i, \forall 1 \leqslant i \leqslant l+2u$$

$$\xi_i \geqslant 0, \forall 1 \leqslant i \leqslant l+2u \tag{6.11}$$

其中，β_i 与损失函数的导数有关，可以表达为：

$$\beta_i = \begin{cases} C_2 R'_s[y_i f(x_i)], & ifi \geqslant l+1 \\ 0, & \text{otherwise} \end{cases}$$

$$= \begin{cases} C_2, & i\,f\,y_i f(x_i) < sandi \geqslant l+1 \\ 0, & \text{otherwise} \end{cases} \tag{6.12}$$

为获取数据的几何结构，常用的方法是定义一个拉普拉斯图函数 L。这样通过增加一个正则项对拉普拉斯图中邻居样本的估计函数值的突变进行惩罚，来利用数据的流形结构。那么，TSVM 对应的最优化问题可以表达为：

$$\min \frac{1}{2}\|w\|^2 + C_1\sum_{i=1}^{l}\xi_i + C_2\sum_{i=l+1}^{l+2u}\xi_i + \sum_{i=l+1}^{l+2u}\beta_i f(x_i) + C_3 f^{\mathrm{T}} L f \tag{6.13}$$

$$\frac{1}{u}\sum_{i=l+1}^{l+2u} f(x_i) = \frac{1}{l}\sum_{i=1}^{l} y_i$$

$$\text{Subject to:}\quad y_i f(x_i) \geqslant 1 - \xi_i, \forall 1 \leqslant i \leqslant l+2u$$

$$\xi_i \geqslant 0, \forall 1 \leqslant i \leqslant l+2u \tag{6.14}$$

其中，C_2 控制无标签样本在整个目标函数中的影响；C_3 控制基于图的正则项的影响。如果将 C_3 设置为0,那么 TSVM 将会忽略训练数据的流形信息。

若得到了上述最优化问题的解 ω,那么最优化问题(6.13)—(6.14),可改写为:

$$\min \frac{1}{2}\alpha^{\mathrm{T}}K\alpha + C_1\sum_{i=1}^{l}\xi_i + C_2\sum_{i=l+i}^{l+2u}\xi_i + \sum_{i=l+1}^{l+2u}\beta_i y_i\left(\sum_{j=1}^{l+2u}\alpha_j K(x_i,x_j) + b\right) + C_3\alpha^{\mathrm{T}}K^{\mathrm{T}}LK\alpha \tag{6.15}$$

$$\text{Subject to:}\quad \begin{cases} \dfrac{1}{2u}\sum_{i=l+1}^{l+2u}\left(\sum_{j=1}^{l+2u}\alpha_j K(x_i,x_j) + b\right) = \dfrac{1}{l}\sum_{i=1}^{l}y_i \\ y_i\left(\sum_{j=1}^{l+2u}\alpha_j K(x_i,x_j) + b\right) \geqslant 1 - \xi_i,\xi_i \geqslant 0 \end{cases} \tag{6.16}$$

引入拉格朗日乘子,并求解其对偶问题,可得到对应的决策函数:

$$f(x) = \sum_{i=1}^{l+2u}(y_i\bar{\rho_i} + \gamma_i)K(x_i,x) + b \tag{6.17}$$

其中,$\bar{\rho}=\rho-\beta$,ρ 和 γ_i 都是拉格朗日乘子。

6.2.2 “最小-最大化”原则

在正则化框架(6.6)中,设 $R(f, L)$ 表示目标函数,即

$$R(f,L) = \sum_{i=1}^{l}\max(0,1 - y_i f(x_i)) + \sum_{i=l+1}^{l+u}\min(1 - s,\max(1 - y_i f(x_i))) + \frac{\lambda}{2}\|f\|_H^2 \tag{6.18}$$

为识别信息量最大的无标签样本,假设选择的无标签样本 x^* 导致目标函数获得了最小值,不管对其所附的标号 y^* 是正类标签还是负类标签。基于该思想可以得到“最小-最大化”原则,即

$$\min_{x^*\in u}\ \max_{y^*\in\{-1,1\}} R(f,L\cup(x^*,y^*))$$

进一步,该原则可以表达为:

$$\min_{x_j^*\in u}\ \max_{y^*\in\{-1,1\}}\ \min_{f\in H}\left(\begin{array}{l}\left(\sum_{i=1}^{l}\max(0,1-y_i f(x_i))\right)+\\ \sum_{i\in u\cup\{j\}}\min(1-s,\max(1-y_i f(x_i)))+\frac{\lambda}{2}\|f\|_H^2)\end{array}\right) \tag{6.19}$$

设最优决策函数f^*可以由(6.6)求得,那么式(6.19)可以简化为:

$$\begin{aligned}&\min_{x_j^*\in u}\ \max_{y_j^*\in\{-1,1\}} R(f,L\cup(x^*,y^*))\\ &\approx\min_{x_j^*\in u}\ \max_{y_j^*\in\{-1,1\}}\ (\sum_{i=1}^{l}\max(0,1-y_j^*f^*(x_j^*))+\\ &\sum_{i=l+1}^{l+u}\min(1-s,\max(1-y_j^*f^*(x_j^*))))\qquad(6.20)\\ &=\min_{x_j^*\in u}(\max(0,1-f^*(x_j^*),1+f^*(x_j^*))+\\ &\min(1-s,0,1-f^*(x_j^*),1+f^*(x_j^*)))\\ &=\min_{x_j^*\in u}(1+|f^*(x_j^*)|)=\min_{x_j^*\in u}|f^*(x_j^*)|\end{aligned}$$

通过上面的分析,可以看出“最小-最大化”原则选择的无标签样本,是距离最优超平面f^*最近的样本点,这个超平面是在当前已经标记的样本集上训练得到。下面将“最小-最大化”原则应用到主动学习中。

6.3 基于主动学习的半监督直推式支持向量机(ALTSVM)算法

6.3.1 算法描述

给定训练样本集和核函数K,版本空间定义为分类超平面的集合,即在特征空间H_k中可以将训练样本划分开来的所有样本的集合。一般来说,版本空间可定义为:

$$V=\{f\in H_K \mid \forall i\in\{1,2,\cdots,l+u\}, y_i f(x_i)>0。$$

TSVM 利用主动学习选择无标签样本进行标注的原则是选择那些导致版本空间减小最大的样本。

由于式(6.20)等价于$\min\limits_{x_j^*\in u} y_j^* f^*(x_j^*)$，所以存在这样的性质，如性质6.1所述：

性质 6.1 设$l+u$个样本确定的版本为：

$$V=\{f\in H_K \mid \forall i\in\{1,2,\cdots,l+u\}, y_i f(x_i)>0\}。$$

当标记了样本(x_{l+1}, y_{l+1})和(x_{l+2}, y_{l+2})后，可以得到两个新的版本空间V_{l+1}^{new}和V_{l+2}^{new}。如果$y_{l+1}f(x_{l+1})>y_{l+2}f(x_{l+2})$，那么，则有$Area(V_{l+1}^{new})>Area(V_{l+2}^{new})$，其中$Area(V)$用来表示版本空间的大小。

证明：标记完样本(x_{l+1}, y_{l+1})和(x_{l+2}, y_{l+2})后，得到了新的版本空间V_{l+1}^{new}和V_{l+2}^{new}。根据决策函数$f(\mathrm{x})$的表达式，得到新的版本空间，可以表达为：

版本空间V_{l+1}^{new}：

$$V_{l+1}^{new}=\left\{\omega\left|\begin{array}{l}\|\omega\|=1,\\ y_i(\omega\cdot\phi(x_i)+b)>0, i=1,2,\cdots,l+u\\ y_{l+1}(\omega\cdot\phi(x_{l+1})+b)>0\end{array}\right.\right\} \tag{6.21}$$

版本空间V_{l+2}^{new}：

$$V_{l+2}^{new}=\left\{\omega\left|\begin{array}{l}\|\omega\|=1,\\ y_i(\omega\cdot\phi(x_i)+b)>0, i=1,2,\cdots,l+u\\ y_{l+2}(\omega\cdot\phi(x_{l+2})+b)>0\end{array}\right.\right\} \tag{6.22}$$

如果$y_{l+1}f(x_{l+1})>y_{l+2}f(x_{l+2})$，则$y_{l+2}(\omega\cdot\phi(x_{l+2})+b)>0$。

进一步可得：$y_{l+1}(\omega\cdot\phi(x_{l+1})+b)>0$。综上可以得：$V_{l+2}^{new}\subset V_{l+1}^{new}$。

从而可以得到结论：$Area(V_{l+1}^{new})>Area(V_{l+2}^{new})$。证毕。

从性质6.1可以发现，样本(x_i, y_i)对应的值$y_i f(x_i)$越小，标记该样本对应的超平面对版本空间划分后剩余的比例也就越小，从而该样本对训练模型将相当有价值。

基于主动学习的半监督直推式支持向量机的算法描述见表 6.1。

表 6.1 ALTSVM 算法描述

Table 6.1 The description of ALTSVM algorithm

Algorithm 6.1:TSVM based on active learning(ALTSVM) Input: L, U/ * labeled sample set, unlabeled sample set k/ * The number of samples in each round of interaction required labeled Output: $f(x)$/ * Classification function Procedure: Step 1: Specify the parameter C_1 and C_2. Select several examples from U, labeling them(positive examples and negative examples are not less than one), and add them to L. Using all labeled examples to build an initial classification model with inductive learning. Step 2: Compute the decision function values of all unlabeled examples. Form a sequence S of unlabeled, according to the values of $f(x_i)$ in increasing order. Step 3:Select an example x_i with the minimum objective function value to be labeled, that is, $p = \min_{x_i \in u} \lvert f(x_i) \rvert$, record the corresponding label: $y_{per} = y_i$. Delete the x_i from U and S. Simultaneously, add the x_i to L: $U \leftarrow U - \{x_i\}, S \leftarrow S - \{x_i\}, L \leftarrow L + \{x_i\}$. Step 4: while $m = 1,2,\cdots,k$ do if $y_{per} = 1$, then select the adjacent example x_{i+q} in the opposite direction of S, and label it: $y_{per} = y_{i+q}$, where, q can be either a positive or negative value. if $y_{per} = -1$, then select the adjacent example x_{i+q} in the increasing direction of S, and label it: $y_{per} = y_{i+q}$, where, q can be either a positive or negative value. Delete the x_{i+q} from U, and S. Simultaneously, add the x_{i+q} to L: $U \leftarrow U - \{x_{i+q}\}, S \leftarrow S - \{x_{i+q}\}, L \leftarrow L + \{x_{i+q}\}$. Step 5: Retrain the TSVM over the L, and return $f(x)$. If there are still unlabeled examples, return to Step 2.

6.3.2 算法框架

从算法的伪代码描述可知,算法主要分为 5 个步骤:

①设定参数 C_1 和 C_2。从无标签样本数据集 U 中选择样本进行标注(至

少包括:一个正类样本和一个负类样本),然后将它们投入已标记样本集 L 中。用这些已标记的样本采用归纳学习的方式训练一个初始分类模型。

②对所有的无标签样本数据计算其决策函数值,并根据 $f(x_i)$ 值递增的方式形成一个序列 S。

③选择一个具有最小目标函数值的无标记样本进行标记。

④采用批处理模式,标记一批样本并修改对应的标记样本集和无标记样本集。

⑤在标记后的样本集上进行重新训练,得到一个新的分类模型,并返回得到新的分类模型。

需要说明的是,在该算法中,采用 $y_{per}f(x)$ 代替 $yf(x)$ 来度量样本的信息量。其中,y_{per} 不是样本的真实类标签,而是利用先前标注的样本的相邻样本的类标号。这种近似策略可以不直接依赖于当前的分类模型,而是基于这样的相对关系:相似的分类结果具有相似的类标号。同时,只有在一定数量的无标签样本被标记后,才重新启动训练。与传统的每标记一个样本就重新训练一次相比较,该方法可以提高算法的计算效率。

6.4　ALTSVM 算法性能测试结果及分析

为评估提出算法的性能,通过 UCI 数据集进行了一系列实验,并与目前比较成熟和应用比较广泛的几种主动学习算法进行对比分析。然后,将经过验证的 ALTSVM 算法应用到 6.6 节中的个性化图书推荐中。

6.4.1　数据集准备

选择 4 个 UCI 数据集:Hepatitis,WPBC,Bupa liver 和 Votes,并且这些数据集已经被用于很多研究[176-178],都是二分类问题。对于每一个数据集,从中选择一定数量的样本,将其投入到已标记样本集 L 中;将剩下的样本移除对应的类标签后投入无标记样本池 U 中。

6.4.2 分类模型的建立

在实验中将提出的算法与 $TSVM_{OAL}$，$TSVM_{Random}$，TSVM，SVM_{AL}[179,180] 和 SVM[161] 进行对比分析。$TSVM_{AL}$ 算法是 $TSVM_{AL+Graph}$ 算法不带流形正则项的版本。SVM_{OAL} 算法迭代的询问无标签样本的标签，也就是距离当前分类超平面最近的无标签样本的标签。该算法主动学习策略选择样本的度量是利用当前分类超平面预测的类标签，而不是先前标注的相邻样本的类标签。并且该算法每标记一个样本就启动一次模型的训练，而不是标记一定数量的样本后才开始重新训练。TSVM 算法是在标记样本和无标记样本集上训练一个分类器，该方法利用样本间的聚类结构，并且将其看作学习任务的先验知识。SVM 算法仅仅利用有标签的样本进行训练，该算法在标记样本足够多的情况下，可达到很好的性能，反之，其分类性能将会下降。$TSVM_{AL+Graph}$ 算法不仅利用数据间的流形结构来提高分类的性能，而且也采用主动学习的策略来选择信息量最大的无标记样本进行标记。

为体现提出算法性能的优越性，将 TSVM，$TSVM_{AL}$，$TSVM_{Random}$ 和 SVM 作为比较基准。SVM 算法求解是采用现有的 matlab 工具包[161]；$TSVM_{AL}$ 采用 matlab 编码并实现；TSVM 求解方法采用 Collobert 等人提出的凹凸求解算法。在 SVM 训练分类器时，仅采用初始的已标记样本；而 TSVM 同时采用了有标签样本和无标签样本；SVM_{AL} 先对最初的有标签的样本进行训练，并得到一个初始分类器，然后采用主动学习策略对无标签样本进行查询并提交领域专家进行标记；本章提出的 $TSVM_{AL+Graph}$ 算法求解过程见 6.3.1 节。

6.4.3 分类准确率实验结果及分析

该实验是通过 UCI 数据集验证本章提出方法的有效性和合理性，并将提出的算法与其他的方法进行对比分析。下面通过 3 个不同的方面对算法进行对比分析。

(1)设定初始标记样本集的大小 $L=10$,批采样大小 $k=1$

该实验的主要目的是综合测试提出算法的性能,包括主动学习采样策略与随机采样策略的比较;引入流形正则项前后对样本特征结构信息利用情况的比较等,其对比结果如图 6.3 所示。

①采用主动学习的方法优于非主动学习的方法,分类准确率要高。在样本数量比较小的情况下,主动学习可以有针对性地主动选择信息量最大的样本并提供给用户(一般是领域专家)进行标注,标注的样本(最有可能是“支持向量”的样本)被认为是对提高分类器性能起最大作用的样本,这样可以不断地扩充标记样本集,为分类器提供尽可能小的,高质量的训练样本集,也就是说主动学习可以在学习的过程中,主动选择那些对分类器性能提升最有利的样本,并提交给领域专家进行标注,尽可能用更少的样本训练出与大量训练样本训练出的分类性能近似,从而有效减少需要评价的样本数量,减轻用户的标注负担;虽然传统的 SVM 在小样本情况下,比其他分类模型具有更好的性能,但是 SVM 不能很好地利用大量的未标记样本中隐含的对提高分类器性能有用的信息,图 6.3(c)和(d)也说明了这点。随着标记样本数量的增加,$\mathrm{TSVM}_{\mathrm{AL+Graph}}$ 的分类性能在逐渐提升,当达到一定比例时,分类的性能超过了传统的 SVM。这也表明了主动学习在样本选择策略上的有效性、合理性,对提高分类器的性能有很大帮助。

②主动学习策略选择的样本比随机采样策略选择的样本更能反映数据的真实分布特征,选择的样本更有可能是“支持向量”,并可保证选择的样本能够进一步提升分类器的性能。同时,随机采样具有很大的随机性,并不能保证采样的数量越大,分类器性能的提升越明显,相反,在采样的样本不能很好地反映数据特征时,采样的数量越大,分类准确率也将大幅下降,对分类器性能的提升起到反作用,从图 6.3(a)—(d)中可以发现随机采样策略对应的准确率具有很大的波动性,基本不适合实际应用。特别是对于 Bupa liver 数据集和 Votes 数据集,$\mathrm{TSVM}_{\mathrm{Random}}$ 的波动幅度最大,这可能与数据的分布特征有关。

③引入流形正则项后,本章提出的方法可以更好地利用未标记数据

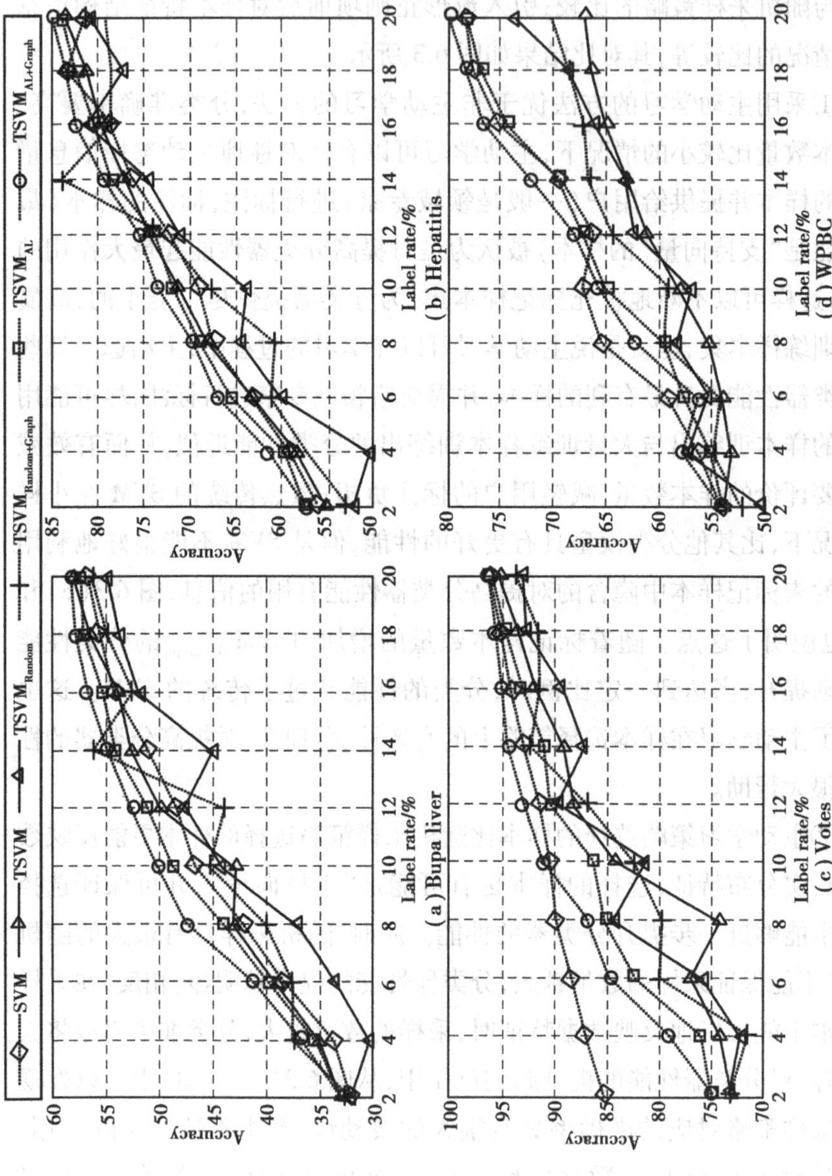

图6.3 不同标记样本比率下的准确率比较

Fig. 6.3 The classification accuracy of each comparing algorithm changes as the number of labeled training instances increases

的流形结构信息，也就是对数据的潜在结构特征（数据的分布特征）可以有很好的理解。通过对比图中不同的数据集可以发现，对于 Bupa liver 数据集，Hepatitis 数据集和 WPBC 数据集，$TSVM_{AL+Graph}$ 与 $TSVM_{AL}$ 的性能差别很小；而对于 Votes 数据集，$TSVM_{AL+Graph}$ 比 $TSVM_{AL}$ 的性能提升度高了很多，特别是在标记样本率为 10%时，$TSVM_{AL+Graph}$ 的性能得到了迅速提升，而 $TSVM_{AL}$ 的性能提升较为缓慢。显然，在引入流形正则项后，对 TSVM 的分类性能提升有较大的帮助，验证了本章提出方法的可行性和合理性。

(2)对比批采样大小 k 对主动学习的影响

为了比较一次查询所标记的样本数量对分类器性能影响的大小，设定初始标记样本集的大小为 10($L=10$)，并不断改变批采样规模 k 值的大小，以观察不同 k 值下，分类准确率的变化情况。为避免一次实验造成的误差，将实验反复运行 5 次，取平均值作为衡量指标。该实验以数据集 Votes 为例，结果见表 6.2。

表 6.2 不同批采样规模 k 值的大小对分类准确率的影响

Table 6.2 The different average classification accuracy on Votes data set with different values of k

k	SVM_{AL}	$TSVM_{Random}$ (Growth rate)	$TSVM_{Random+Grap}$ (Growth rate)	$TSVM_{AL}$ (Growth rate)	$TSVM_{AL+Graph}$ (Growth rate)
5	83.1	70.4 −15.3	72.6 −12.6	78.5 −5.54	80.2 −3.49
10	86.6	75.2 −13.2	78.1 −9.82	83.6 −3.46	84.4 −2.54
15	88.5	81.2 −8.25	83.7 −5.42	87.8 −0.79	89.3 0.90
20	89.1	85.7 −3.81	86.5 −2.92	89.5 0.45	92.6 3.93
25	91.4	87.1 −4.70	88.6 −3.06	92.2 0.88	94.8 3.72
Average	87.7	79.92 −9.05	81.9 −6.76	86.32 −1.69	88.26 0.54

表6.2的实验结果展示了5种方法在迭代3次的情况下,分类准确率的平均值(3次迭代对未标记样本进行标记,并进行训练)。在此过程中,固定标记样本数据集的大小,不断改变批采样规模 k 值的大小。从表中的结果可以发现它们之间的分类性能差别随着 k 值的变化而不同。在每次迭代中,标记的样本数量达到一定数目时,即 $k \geqslant 15$ 时,本章提出的方法总比 SVM_{AL} 的性能好。这可能是因为每次迭代标记样本的数量越多,对隐含在未标记样本中的流形结构理解得更好(数据特征的概率分布)。通过详细观察,发现随着每次迭代标记的样本数量增加,$TSVM_{AL+Graph}$ 的性能提升越来越高。例如:在 $k=15$ 时,$TSVM_{AL+Graph}$ 相对于 SVM_{AL} 的分类性能提升了0.9%,而 $TSVM_{AL}$ 相对于 SVM_{AL} 的分类性能提升几乎为负。当 $k=20$ 时,$TSVM_{AL+Graph}$ 相对于 SVM_{AL} 分类性能的提升程度比 $TSVM_{AL}$ 更高,此时,$TSVM_{AL}$ 的分类性能也超过了 SVM_{AL}。实验结果表明本章提出的主动学习方法在选择批量信息量丰富的样本时,具有一定的有效性和可行性。

(3)对比利用当前分类器预测的类标号与利用先前标注样本的相邻样本的类标号对训练分类器的影响

为进一步比较预测样本标号利用策略的不同对分类器性能的影响,该实验以 SVM_{AL},SVM_{OAL},$TSVM_{OAL+Graph}$ 和 $TSVM_{AL+Graph}$ 作为对比分析的方法,并在Votes数据集和Hepatitis数据集上进行。其中,SVM_{OAL} 表示采用当前分类器标注的样本的类标号作为主动学习的度量依据;SVM_{AL} 表示采用先前分类器标注的相邻样本的标号作为主动学习的度量依据,充分利用了数据之间的聚类假设,即相似预测结果的样本有相同的预测类标号;$TSVM_{OAL+Graph}$ 和 $TSVM_{AL+Graph}$ 方法与 SVM_{AL} 和 SVM_{OAL} 类似。

从图6.4的实验结果可以发现,本章提出的主动学习方法相对于以前的主动学习方法,也就是利用先前标注样本的相邻样本的预测类标签与利用当前分类器预测的类标签相比较,从总体上讲,本章提出的方法要有一定的优势。

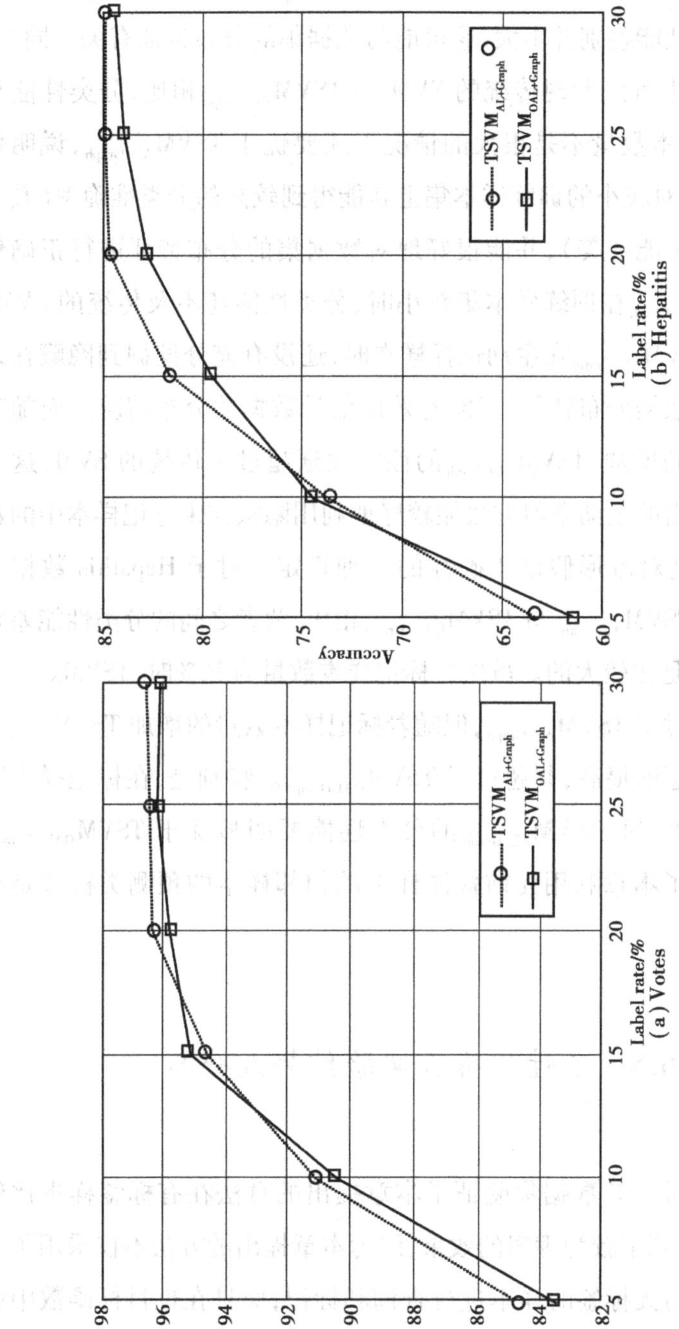

图6.4　当前预测标号和先前预测标号利用策略实验结果

Fig. 6.4　The comparative results of different predicted labels utilization strategies

对于 Votes 数据集[图 6.4(a)],$TSVM_{AL+Graph}$与 $TSVM_{OAL+Graph}$相比,两者之间的分类性能差别并不大,这可能与数据集的分布特征有关。同时,在前面的实验中可以发现传统的 SVM 与 $TSVM_{AL+Graph}$相比,分类性能很接近,甚至在样本数量不是很大的情况下还要优于 $TSVM_{AL+Graph}$,说明传统的 SVM 在相对较小的训练样本集上就能得到较高的分类准确率(其他机器学习方法不能媲美),并能很好地对数据集的分布特征进行正确估计。而 $TSVM_{AL+Graph}$在训练样本集较小时,分类性能还不及传统的 SVM。可能是因为 $TSVM_{AL+Graph}$在主动选择样本时,还没有充分挖掘到隐藏在未标记样本中的数据分布特征,不能有效地估计数据的分布情况。而随着标记样本数量的增加,$TSVM_{AL+Graph}$的性能逐渐超过了传统的 SVM,这一点表明本章提出的主动学习方法能较好地利用隐藏在未标记样本中的数据分布特征,是对流形假设正确性的一种肯定。对于 Hepatitis 数据集[图 6.4(b)],$TSVM_{AL+Graph}$与 $TSVM_{OAL+Graph}$相比,两者之间的分类性能差别相对图 6.4(a)是比较大的。虽然在标记样本数量为 10%时,$TSVM_{OAL+Graph}$的分类性能超过了 $TSVM_{AL+Graph}$,但随着标记样本数量的增加 $TSVM_{AL+Graph}$的分类性能在逐渐提高,并超过了 $TSVM_{OAL+Graph}$。特别是,在标记样本数量为 15%和 20%时,$TSVM_{AL+Graph}$的分类性能要明显优于 $TSVM_{OAL+Graph}$。这进一步说明了本章利用先前标注样本的相邻样本的预测类标签是有效、可行的。

6.5 个性化推荐实验结果及分析

上一节通过 UCI 数据集验证了本章提出的算法在有标签样本比较少的情况下,得到了较为理想的效果,因为本章提出的方法不仅采用了主动学习策略来对无标签的样本进行查询和标记;而且在也目标函数中引入了流形正则项,提高了模型对数据中隐藏的几何结构信息的利用能力。

同时,该方法一方面降低了人工标记样本的代价;另一方面也降低了训练分类器的代价。

该实验主要是对图书购买数据记录进行分析,并提取对应的特征属性,通过对特征向量进行训练得到关于图书购买的个性化推荐模型。为了提升图书推荐的质量,首先对用户的评论信息进行分析,以挖掘对提升图书推荐模型性能有价值的评价信息,并对有价值的评价信息进行处理形成用户的购买特征,加入训练样本中。然后,基于以上处理对训练样本建立个性化的图书推荐模型。

6.5.1　实验数据集

对于图书个性化推荐采用爬虫算法,从国内比较有名的电子商务网站——JD.com 爬取图书购买记录的相关数据进行实验。首先,爬取数据,包括用户 ID、用户名、购买图书名称、价格、评论信息等;其次,对评论信息进行挖掘,选择那些真实、有价值的评论信息并进行处理,作为用户的购买特征,加入训练样本中;再次,对调整后的训练数据集进行训练,并对模型推荐质量进行测试。

在处理用户的评论信息时,将多余的标点符号、停顿词移除,并且评论信息少于两个字符的要删除。采用人工标注的方式,先标注 5 个正确、有价值的评论记录和 5 个垃圾评论记录。一条评论记录被认为是有用的或是非垃圾评论需要满足以下条件:该评论包含一个陈述句(所有的疑问句都被认为是垃圾评论);该评论表达了对图书或是图书特征的一些意见。这些意见包括:用户关于一本书或这本书特征的个人感情(正面或负面),和/或一本书或一本书特征的利弊分析,例如:这本书只适合初学者或是适合具有一定基础的读者进行深入的学习等。关于评价信息的 6 个特征属性和对应的描述见表 6.3。

表 6.3 提取的关于图书评论信息的 6 个特征和对应的描述信息

Table 6.2 Six extracted features and their sample dictionary terms

Features	Sample Dictionary Terms	Dictionary Size
Opinion phrases	性价比高(Cost-effective),非常/很喜欢(Like very much),内容翔实(Content full and accurate),经典(Classical),易学(Easy to learn),烂书(Lousy book),…	372
Question patterns	哪里(Where),为什么(Why),怎么样(How about),谁(Who),什么(What),…	27
Language	汉语(Chinese),日语(Japanese),法语(French),俄语(Russian),德语(German),…	15
Category of book	教材教辅(Course Books),人文社科(Humanities and Social Sciences),经济管理(Economics and Management),科技(Science and Technology),少儿(Children's book),…	12 major categories and several subcategories
Length of review	The total number of characters in the review, excluding punctuations.	—
Score	星形(Star)	5

6.5.2 基于 ALTSVM 算法的个性化推荐模型

对“用户-图书”间关联数据的预处理、预测模型的建立以及评估方法都与第 3 章类似。基于 ALTSVM 算法的个性化推荐流程,如图 6.5 所示。

基于 ALTSVM 算法的个性化推荐的流程可以解释如下:

①采用 ALTSVM 算法对用户关于图书的评价信息进行挖掘。首先,采用自然语言处理技术对评价信息进行处理,形成量化的特征向量;并对符合规则的若干条评论信息标记为有价值的评论或无价值的评论;然后,利用 ALTSVM 算法对用户的评价信息进行分类,以挖掘有价值的评论信息。

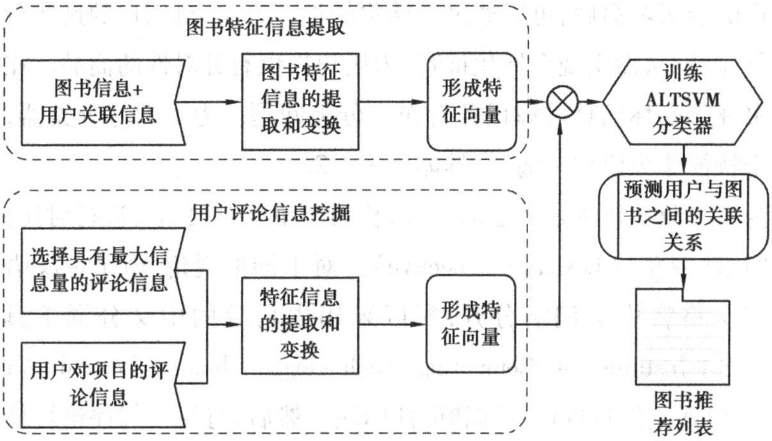

图 6.5　基于 ALTSVM 算法的个性化推荐模型

Fig. 6.5　The personalized recommendation model based on ALTSVM algorithm

②用户与图书关联关系特征信息的提取。根据获取到的数据,将用户的购买记录进行量化形成“用户-图书”的关联特征信息,并对用户购买图书记录进行标注(标记的正类样本和负类样本都不低于 3 个)。

③将挖掘到的用户有价值的评论信息作为用户和图书的关联关系属性,加入用户与图书的关联特征向量中。

④采用本书提出的 ALTSVM 算法对用户和图书的关联关系进行挖掘,并形成“用户-图书”关联关系列表,从而将符合用户偏好的图书推荐给用户。

值得注意的是,图书评价信息在一定程度上反映了用户关于图书的某种偏好,因此对用户的评价信息挖掘将有利于提升个性化推荐的准确性。

6.5.3　用户评价信息挖掘

图书评价任务主要是通过分析用户对图书的评价信息,发现哪些是真实的、有价值的评价,哪些是垃圾评价,通过进一步分析那些有价值的评价信息,以便发现用户的购买特征和偏好。这主要是通过分析评论信息中的一些关键词和关键模式(表 6.2),来发现用户的购买习惯。在发现用户的购买习惯后,可以通过个性化的推荐方法,对用户的这些行为数据进行建模,从而实现个性化推荐,为用户提供有针对性的商品。在这里将图书评价好坏信息过滤任务看作二分类问题。为了训练分类器,选择了6个特征作为模型的输入,具体见表6.2。

为了充分比较本章方法的优势,从两个角度对数据集进行对比分析。一是"词法视角"(Lexical perspective)。对于词汇视角,由于在汉语评价中没有空格将中文词组分开,所以采用中科院的中文分词工具——ICTCLAS (Institute of Computing Technology, Chinese Lexical Analysis System)对评论信息进行分词和词性标注。然后,将每一句评论转换为一个词汇向量形式(Term frequency inverse document frequency,TF-IDF)。二是统计视角(Statistical Perspective)。对于统计视角,统计每一句评论中包含的关键词和关键模式所占的比例,形成一个量化的矩阵。

将6个特征进行量化,采用的方法是:

①在一个评价句子中意见短语所占的比例是多少。

②在一个评价句子中询问模式所占的比例是多少。

③在一个评价句子中语言出现的比例是多少。

④在一个评价句子中图书类别被提及到的比例是多少。

⑤一个评价句子的长度是多少。

⑥用户对图书总体评价所给的五角星个数是多少(最多为5个星)。

6.5.4 推荐结果及分析

为了评估未标记数据在标记数据非常少的情况下所起到的作用,在实验中通过改变标记数据的数量来对比分析 $TSVM_{AL+Graph}$,SVM,TSVM 和 $TSVM_{AL}$的分类性能。在实验中标记样本比例的变化区间为2%~20%,未标记样本的总数量为500个。图6.6、图6.7描述了4种方法随着标记样本数量的变化,而引起的分类准确率的变化曲线,其中SVM和TSVM作为4种方法中的比较基准。

通过观察图6.6、图6.7可以发现,正如预期,算法 $TSVM_{AL}$ 和

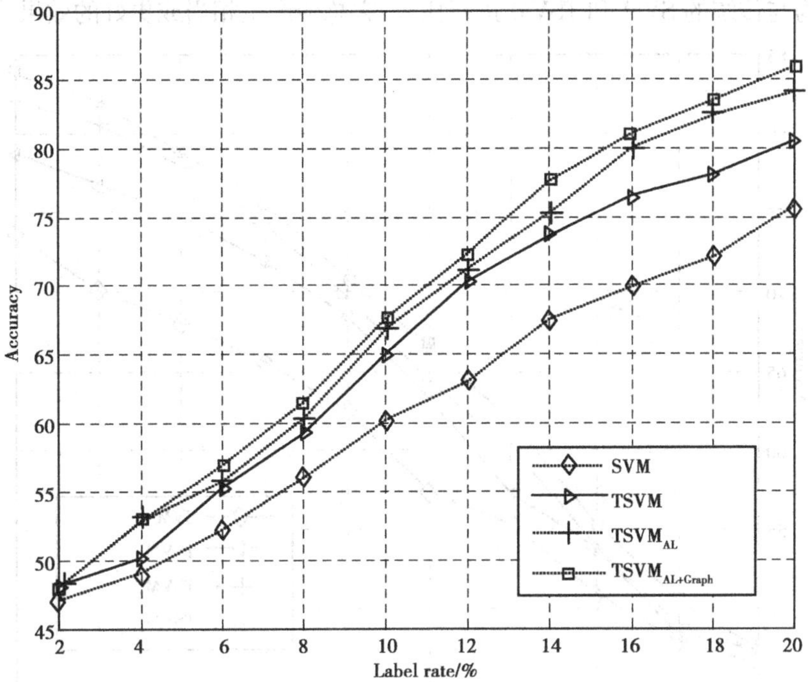

图6.6　“词法视角”对应的分类准确率曲线

Fig.6.6　The classification accuracy rate curve corresponding to Lexical perspective

$TSVM_{AL+Graph}$随着标记样本数量的增加，准确率也在不断增加。仔细观察可以发现，当标记样本的数量非常小时，$TSVM_{AL+Graph}$的分类性能已经明显优于SVM和TSVM，例如标记比例为4%时，标记样本为4%×500=20。在图6.5中，当标记样本的比例为4%时，$TSVM_{AL+Graph}$的分类准确率比SVM和TSVM两种提高了大约3%；在图6.7中，$TSVM_{AL+Graph}$的分类准确率比传统的SVM方法提高约3%，比TSVM方法提高约2.5%。同时，图6.6—图6.7也表明$TSVM_{AL}$算法在样本数量比较少的情况下，分类性能也比较好，并且随着标记样本数量的增加，$TSVM_{AL}$的分类准确率也在逐渐提高，比SVM和TSVM的分类准确率都要高。总之，通过对这两个图的观察可以得出这样的结论：$TSVM_{AL+Graph}$算法的分类性能无论是在标记样本数量比较少的情况，还是标记样本数量比较大的情况，都高于其他3种算法。因此，不管现有的标记样本数量有多少，都可以将$TSVM_{AL+Graph}$算法运用到现实应用中，因为与传统的 SVM 和 TSVM 进行比较,它总会产生相当或更好的效果。

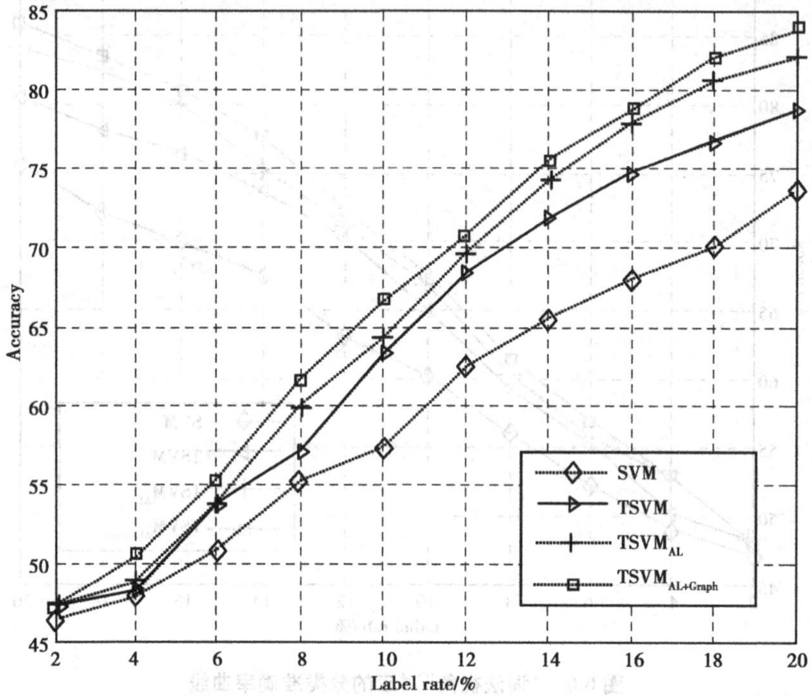

图 6.7 “统计视角”对应的分类准确率曲线

Fig. 6.7 The classification accuracy rate curve corresponding to Statistical perspective

图 6.6—图 6.7 从不同的角度对图书评价数据集进行分类,相同方法之间存在一定的准确率差别,“词法”视角的分类准确率比“统计”视角的准确率要高。这种差别可能与数据建模时的统计特征有关。但值得注意的是,本章提出的方法在这两种不同的视角下,分类性能都高于基准方法 SVM 和 TSVM。说明本章提出的方法具有较强的泛化能力。

将挖掘到的用户有价值的评论信息作为用户兴趣属性加入原始数据集中,形成新的数据集。将新形成的“用户-图书”间的关联关系特征数据按照 70%训练和 30%测试的原则,随机分成两部分。

该实验主要包括两个实验,一是对比分析在引入评价信息前后对图书推荐效果的影响;二是将本章提出的方法与其他方法进行对比分析,以表明本章提出方法的有效性。

(1)评价信息引入前后对图书推荐效果的影响

为测评在引入评价信息前后对图书推荐的影响,主要通过两种方法来测试。一种是 $TSVM_{AL+Graph}$,另一种是 $TSVM_{AL}$;此外,用 $BTSVM_{AL+Graph}$ 和 $BTSVM_{AL}$ 表示引入评价信息前的方法;$TSVM_{AL+Graph}$ 和 $TSVM_{AL}$ 表示引入评价信息后的方法。图 6.8 给出了两种方法在引入评价信息前后的效果对比情况。

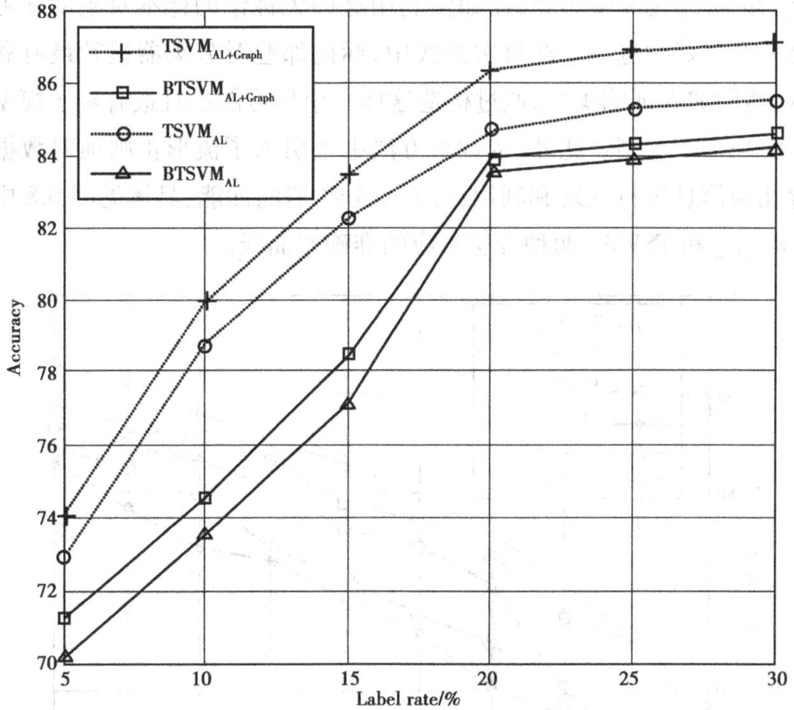

图 6.8　评价信息引入前后对推荐效果的影响

Fig. 6.8　The impact of before and after inducting the reviews

通过图 6.8 可以发现在引入评价信息后对推荐准确率的提高起到了积极的作用。说明本章提出的图书评价信息挖掘方法对提升推荐准确有较大的帮助,对发现用户的兴趣和偏好相当有利。所以,将用户的有价值评价信息引入训练模型是正确的。

(2)对比分析几种方法的推荐效果

为更好地对比分析提出的 ALTSVM 算法(即 $TSVM_{AL+Grap}$)在个性化

图书推荐上的效果，选择了 SVM、BP 神经网络、TSVM 和 $TSVM_{AL}$ 等几种常用的监督与半监督学习算法进行对比，同时也与基于项目的协同过滤推荐算法进行对比分析，具体如图 6.9 所示。

图 6.9 给出了 6 种方法在引入评价信息后，不同标记样本比例下对应的推荐准确率。可以发现，本章提出的方法可以很好地对无标记样本信息进行发掘和利用。在样本数量非常有限的情况下，无标记的样本对分类器的提升也非常重要，而如何利用这些无标记的样本对主动学习来说是一个很好的选择。在每次迭代中，标记那些对分类器提升最有利的样本，然后加入训练集中，通过构造这样一个尽可能小且最有利于模型的样本集来训练模型。此外，本章的方法中也引入了流形正则项对数据的隐含几何信息进行发现和利用，提升了分类器的性能，具体见图 6.8 中的 $TSVM_{AL+Grap}$ 和 $TSVM_{AL}$ 两种方法对应的准确率曲线。

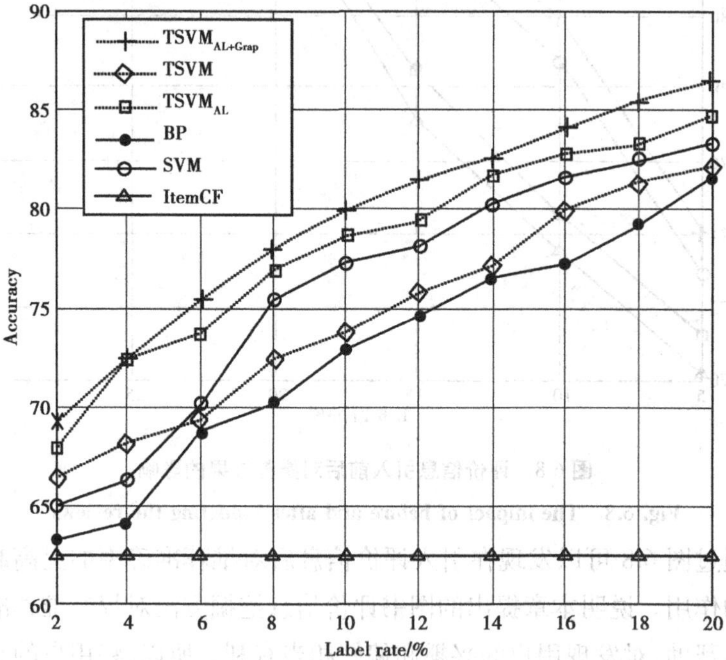

图 6.9　不同标记样本比例在引入评价信息后对推荐效果的影响

Fig. 6.9　Different labeled proportion impact of the recommendations after inducting the reviews

以上实验结果表明本章提出的方法在挖掘用户兴趣和偏好方面具有一定的优势，并且对推荐模型准确率的提升起到了促进作用。说明本章提出的方法在个性化的图书推荐方面具有一定的实用性。

6.6　本章小结

本章分析了个性化推荐算法在实际应用中面临的有标签数据少，无标签数据多，并且有效利用无标签数据难的问题，提出了基于主动学习的半监督直推式支持向量机推荐方法。首先，为更好地发现用户的兴趣和偏好，通过对用户关于图书的评价信息来挖掘用户的潜在兴趣点，并加入特征向量中；其次，建立基于半监督直推式支持向量机的个性化推荐方法，并通过 UCI 数据集和图书推荐对提出的算法进行了验证。

第7章 结论与展望

7.1 结　论

推荐系统是解决“信息过载”问题的重要手段。特别是到了大数据时代,人们面对的信息量更加丰富和庞大,推荐系统在信息过滤方面的作用显得更为突出,它可以主动帮助用户从海量的信息中挖掘出自己可能感兴趣的信息资源。

支持向量机作为数据挖掘领域中一种强有力的工具,在各个领域中已经得到了较好的应用。与一般的机器学习方法相比,它具有小样本、避免“维数灾难”“鲁棒性”好、保证所求的极值点就是全局最优值等优点,还简化了分类和回归问题。因此,本书提出了采用支持向量机方法建立个性化的推荐模型,并且对项目的内容信息和用户的行为信息进行利用,从而为用户提供个性化的推荐。总结本书,主要完成的研究工作如下:

①分析了近几年关于推荐系统和支持向量机的相关研究。在推荐系统方面,从经典推荐系统的研究思路出发,介绍了实现项目推荐的相关策

略。在支持向量机方面,对支持向量机的3个重要研究方面进行分析,并针对当前推荐技术中对项目的内容信息利用不充分,而主要是对用户的行为数据(特别是评分数据等)进行利用的问题,提出了采用支持向量机的方法来实现基于项目内容信息和用户行为信息的个性化推荐。

②提出了基于支持向量分类机的方法来代替传统的相似度计算,例如,余弦相似度、皮尔逊相关系数等(这些方法计算相似度的方式比较单一),不仅考虑了用户的行为信息,而且也利用了项目的内容信息。同时,为了进一步提高模型的准确率,提出了带收缩因子的动态惯性权重自适应粒子群优化算法对支持向量分类机进行优化。

③提出了基于支持向量机先分类再回归的推荐方法,对电影的评分进行预测。该方法首先根据“用户-电影”的关联关系信息训练一个分类模型,对电影进行分类预测,形成一个初始推荐列表;然后,在该推荐列表上建立一个回归模型预测电影的具体评分。同时,为进一步提高预测模型的精度,提出了带进化速度和聚集度的自适应粒子群优化算法,对预测模型进行优化。

④提出了基于平滑技术、核减少技术和用户反馈机制的对称支持向量机方法,来解决大规模数据的推荐速度和实时性等问题。首先,通过平滑技术对对称支持向量机进行变换,使得其只需要求解原始问题,避免了大规模矩阵的求逆运算,降低了算法的时间复杂度;其次,采用核减少技术进一步降低算法的时间复杂度和空间复杂度。同时,考虑到用户对项目不同属性的关注度不同,对项目的属性设置不同的权值,来凸显用户对属性的重视程度;同时用户的兴趣和偏好会随时间、地点等的不同而变化,对推荐系统的实时性要求较高,因此,将用户的评分数据及时加入历史数据库中,并按照一定的训练规则启动模型的重新训练,使模型具有一定的自适应能力,以提高模型的推荐质量。

⑤提出了基于主动学习的半监督直推式支持向量机推荐方法来解决实际应用中,用户数据标签稀少且对无标签数据标记代价高的问题。在有标签数据比较稀少的情况下,对于传统的基于分类的推荐方法来讲,不

利于正确发现用户潜在的兴趣和偏好,所以,提出了基于主动学习的策略对大量无标记样本中具有最高信息量的样本进行查询并标注(目的是获得对分类器提升最有价值的样本集,并且使该样本集尽可能的小,从而降低标记样本的代价),使得在训练集较小的情况下,可以得到较高的分类准确率;同时,为了对无标签数据的分布特征进行很好的利用,引入了基于图的流形正则项,进一步提升模型对无标签数据中隐含的有价值的分布信息的利用能力,提升了模型的推荐效果。

7.2 展　望

本书针对传统的基于协同过滤和基于内容的推荐方法存在计算相似度方式单一和冷启动等问题,并结合对支持向量机算法的分析和研究,提出了基于支持向量机的个性化推荐方法。本书的研究虽然取得了部分成果,但是随着互联网和推荐系统的快速发展,会不断产生大量的研究课题,需要在今后的研究工作中不断地完善和深化,包括以下内容:

①现有的研究是尽可能多的收集数据,并将这些数据应用到推荐中。虽然大量的和多样的数据能够更好地反映用户的偏好,但随着数据量无限制的增长会导致推荐系统效率的下降,推荐效果的提升与消耗的资源成本也不成正比;同时,推荐效果的提升也不等于用户体验度的提升,用户的体验度与推荐系统的响应速度、服务态度和界面友好性等有着直接联系。所以,在未来的研究中需要从人机交互和推荐系统的整体来考虑推荐问题,而不仅仅侧重于推荐算法的提升。

②本书在建立个性化推荐模型时,考虑了用户的评分行为或评价行为,同时用户的行为具有多样性,这些行为也蕴含着用户的兴趣和偏好,对用户行为分析的越多,对用户的兴趣把握越准确。所以,如何将用户的各种行为进行分析并用到个性化推荐模型中是今后研究工作的一个重要方面。

③在评价一个个性化推荐系统的推荐效果时，应该从不同的方面对很多指标进行评价。本书在对如何提高推荐系统的效率和精度上作了研究，但由于条件的限制，关于推荐系统的多样新、新颖性、满意度和信任度等还没有研究，因此，需要从更多方面来评价本书提出的推荐方法。

参考文献

[1] 冷亚军. 协同过滤技术及其在推荐系统中的应用研究 [D]. 安徽：合肥工业大学，2013.

[2] Bawden D, Holtham C, Courtney N. Perspectives on information Overload [C]. Aslib Proceedings,1999,51(8)：249-255.

[3] 谭昶. 基于面向对象思想和典型用户群组的个性化推荐方法研究 [D]. 合肥:中国科学技术大学，2014.

[4] 姚婷. 基于协同过滤算法的个性化推荐研究 [D]. 北京：北京理工大学，2015.

[5] 胡一. 基于大数据的电子商务个性化信息推荐服务模式研究 [D]. 长春：吉林大学，2015.

[6] 王雅坤,成全. 信息检索相关性研究综述及发展趋势 [J]. 图书与情报，2012(1)：88-94.

[7] 陆建江,张亚非,徐伟光,等. 智能检索技术 [M]. 北京：科学出版社，2009.

[8] 任磊. 推荐系统关键技术研究 [D]. 上海：华东师范大学，2013.

[9] 张亮. 推荐系统中协同过滤算法若干问题的研究 [D]. 北京：北京邮

电大学, 2009.

[10] Goldberg D, Nichols D, Oki B M, et al. Using collaborative filtering to weave an information tapestry [J]. Communications of the ACM, 1992, 35(12): 61-70.

[11] Maltz D, Ehrlich K. Pointing the way: active collaborative filtering [C]. In Proceedings of the SIGCHI Conference on Human Factors in Computing Systems, 1995: 202-209.

[12] Resnick P, Iacovou N, Suchak M, et al. GroupLens: an open architecture for collaborative filtering of netnews [C]. In Proceedings of the 1994 ACM conference on computer supported cooperative work, 1994: 175-186.

[13] Hill W, Stead L, Rosenstein M, et al. Recommending and evaluating choices in a virtual community of use [C]. In Proceedings of the SIGCHI Conference on Human Factors in Computing Systems, 1995: 194-201.

[14] Bennett J, Lanning S. The netflix prize [C]. In Proceedings of the KDD Cup and Workshop, 2007(2007): 35.

[15] Lamere P, Celma O. Music recommendation tutorial [C]. In Proceedings of the international Conference on Music Information Retrieval(ISMIR), 2007.

[16] Adomavicius G, Tuzhilin A. Toward the next generation of recommender systems: A survey of the state-of-the-art and possible extensions [J]. IEEE Transactions on Knowledge & Data Engineering, 2005, 17(6): 734-749.

[17] Balabanovć M, Shoham Y. Fab: content-based, collaborative recommendation [J]. Communications of the ACM, 1997, 40(3): 66-72.

[18] Balabanovic M, Shoham Y. Learning information retrieval agents:

Experiments with automated web browsing [C]. In on-line Working Notes of the AAAI Spring Symposium Series on Information Gathering from Distributed, Heterogeneous Environments, 1995: 13-18.

[19] Lieberman H. Letizia: An agent that assists web browsing [J]. IJCAI (1), 1995(1995): 924-929.

[20] Pazzani M J, Muramatsu J, Billsus D. Syskill & Webert: Identifying interesting web sites [C]. In Proceedings of the 13th National Conference on Artificial Intelligence(AAAI 96), 1996: 54-61.

[21] Malone T W, Grant K R, Turbak F A. The information lens: an intelligent system for information sharing in organizations [M]. ACM, 1986.

[22] 黄志刚. 基于贝叶斯的中文垃圾邮件过滤系统的设计与实现 [D]. 成都: 电子科技大学, 2007.

[23] 刘伍颖,王挺. 结构化集成学习垃圾邮件过滤 [J]. 计算机研究与发展, 2012, 49(3): 628-635.

[24] 梁俊杰,刘琼妮,余敦辉. 基于本体的 Web 资源个性化推荐算法 [J]. 计算机应用, 2014, 34(11): 3135-3139.

[25] 辛菊琴,蒋艳,舒少龙,等. 综合用户偏好模型和 BP 神经网络的个性化推荐 [J]. 计算机工程与应用, 2013, 49(2): 57-60, 96.

[26] 田超,覃左言,朱青,等. SuperRank:基于评论分析的智能推荐系统 [J]. 计算机研究与发展, 2010, 47(z1): 494-498.

[27] Billsus D, Pazzani M J. Learning collaborative information filters [C]. In Proceedings of the 15th International Conference on Machine Learning, 1998(54): 48.

[28] Landauer T K, Littman M L. Computerized cross-language document retrieval using latent semantic indexing: U.S. Patent 5,301,109 [P]. 1994-4-5.

[29] Goldberg K, Roeder T, Gupta D, et al. Eigentaste: A constant time

collaborative filtering algorithm [J]. Information Retrieval, 2001, 4(2): 133-151.

[30] Kim D, Yum B J. Collaborative filtering based on iterative principal component analysis [J]. Expert Systems with Applications, 2005, 28(4): 823-830.

[31] 张锋,常会友. 使用 BP 神经网络缓解协同过滤推荐算法的稀疏性问题 [J]. 计算机研究与发展, 2006, 43(4): 667-672.

[32] Ma H, King I, Lyu M R. Effective missing data prediction for collaborative filtering [C]. In Proceedings of the 30th Annual International ACM SIGIR Conference on Research and Development in Information Retrieval, 2007: 39-46.

[33] Su X, Khoshgoftaar T M, Greiner R. A Mixture Imputation-Boosted Collaborative Filter [C]. In Proceedings of the 21st International Florida Artificial Intelligence Research Society Conference, 2008: 312-316.

[34] 周军锋,汤显,郭景峰,等. 一种优化的协同过滤推荐算法 [J]. 计算机研究与发展, 2004, 41(10): 1842-1847.

[35] 张光卫,李德毅,李鹏,等. 基于云模型的协同过滤推荐算法 [J]. 软件学报, 2007, 18(10): 2403-2411.

[36] Luo H, Niu C Y, Shen R M, et al. A Collaborative Filtering Framework Based on Both Local User Similarity and Global User Similarity [J]. Machine Learning, 2008, 72(3): 231-245.

[37] Choi K, Suh Y. A New Similarity Function for Selecting Neighbors for Each Target Item in Collaborative Filtering [J]. Knowledge-Based Systems, 2013(37): 146-153.

[38] Delgado J, Ishii N. Memory-based weighted majority prediction [C]. In Proceedings of the SIGIR Workshop Recommend Systems, 1999.

[39] Billsus D, Pazzani M J. Learning Collaborative Information Filters [C].

In Proceedings of the 15th International Conference on Machine Learning, 1998(98), 46-54.

[40] Breese J S, Heckerman D, Kadie C. Empirical analysis of predictive algorithms for collaborative filtering [C]. In Proceedings of the 14th Conference on Uncertainty in Artificial Intelligence, 1998: 43-52.

[41] Sarwar B, Karypis G, Konstan J, et al. Item-based collaborative filtering recommendation algorithms [C]. In Proceedings of the 10th International Conference on World Wide Web, 2001: 285-295.

[42] Zhang T, Iyengar V S. Recommender systems using linear classifiers [J]. The Journal of Machine Learning Research, 2002(2): 313-334.

[43] Schein A I, Popescul A, Ungar L H, et al. Methods and metrics for cold-start recommendations [C]. In Proceedings of the 25th Annual International ACM SIGIR Conference on Research and Development in Information Retrieval, 2002: 253-260.

[44] Li Q, Myaeng S H, Kim B M. A Probabilistic Music Recommender Considering User Opinions and Audio Features [J]. Information Processing and Management, 2007, 43(2): 473-487.

[45] Ahn H J. A New Similarity Measure for Collaborative Filtering to Alleviate the New User Cold-Starting Problem [J]. Information Sciences, 2008, 178(1): 37-51.

[46] Liu H F, Hu Z, Mian A, et al. A New User Similarity Model to Improve the Accuracy of Collaborative Filtering [J]. Knowledge-Based Systems, 2014(56): 156-166.

[47] Yoshii K, Goto M, Komatani K, et al. An efficient hybrid music recommender system using an incrementally trainable probabilistic generative model [J]. IEEE Transactions on Audio, Speech, and Language Processing, 2008, 16(2): 435-447.

[48] Melville P, Mooney R J, Nagarajan R. Content-boosted collaborative

filtering for improved recommendations [C]. In Proceedings of the 18th National Conference on Artificial Intelligence, 2002: 187-192.

[49] Shen Y, Yu J, Nan K. A Hybrid Recommender Model for Scientific Research Resources [C]. In Proceedings of the 8th International Conference on Wireless Communications, NETWORKING and Mobile Computing, 2012: 1-4.

[50] Zang Y, An Y, Hu X T. Automatically Recommending Healthy Living Programs to Patients with Chronic Diseases through Hybrid Content-Based and Collaborative Filtering [C]. In Proceedings of the IEEE International Conference on Bioinformatics and Biomedicine (BIBM), 2014: 578-582.

[51] Agrawal R, Imieliński T, Swami A. Mining association rules between sets of items in large databases [C]. In Proceedings of the ACM SIGMOD International Conference on Management of Data, 1993, 22 (2): 207-216.

[52] Han J, Pei J, Yin Y , et al. Mining frequent patterns without candidate generation [J]. Data Mining and Know ledge Discovery, 2004(8):53-87.

[53] 张磊. 个性化推荐和搜索中若干关键问题的研究 [D]. 北京: 北京邮电大学, 2009.

[54] 熊丽莎. 汽车客户售后服务项目个性化推荐研究 [D]. 武汉: 武汉理工大学, 2013.

[55] Moon S, Russell G J. Predicting product purchase from inferred customer similarity: An autologistic model approach [J]. Management Science, 2008, 54(1): 71-82.

[56] Wand J C, Chiu C C. Recommending trusted online auction sellers using social network analysis [J]. Expert Systems with Applications, 2008, 34(3): 1666-1679.

[57] Shepitsen A, Gemmell J, Mobasher B, Burke R. Personalized Recommendation in Social Tagging Systems Using Hierarchical Clustering [C]. In Proceedings of the 2008 ACM Conference on recommender Systems, 2008: 259-266.

[58] 朱小飞,郭嘉丰,程学旗,等. 基于吸收态随机行走的两阶段效用性查询推荐方法 [J]. 计算机研究与发展, 2013, 50(12): 2603-2611.

[59] 张学工. 关于统计学习理论与支持向量机 [J]. 自动化学报, 2000, 26(1): 32-42.

[60] Collobert R, Sinz F, Weston J, et al. Large Scale Transductive Svms [J]. Journal of Machine Learning Research, 2006(7):1687-1712.

[61] Vapnik V N. The Nature of Statistical Learning Theory [M]. New York: Springer, 1996.

[62] Vapnik V N. Statistical Learning Theory [M]. New York: John Wiley and Sons, 1998.

[63] Chen H L, Liu D Y, Yang B, et al. A new hybrid method based on local fisher discriminant analysis and support vector machines for hepatitis disease diagnosis [J]. Expert Systems with Applications, 2011, 38(2011): 11796-11803.

[64] Wu Q, Ying Y, Zhou D X. Multi-kernel regularized classifiers [J]. Journal of Complexity, 2007, 23(1): 108-134.

[65] García-Pedrajas N, Ortiz-Boyer D, Domingo OB. A cooperative constructive method for neural networks for pattern recognition [J]. Pattern Recognition, 2007, 40(2007): 80-98.

[66] 杨建武. 基于核方法的 XML 文档自动分类 [J]. 计算机学报, 2011 (2): 353-359.

[67] 李世奇,赵铁军,李晗静,等. 基于特征组合的中文语义角色标注 [J]. 软件学报, 2011, 22(2): 222-232.

[68] 李玉岗,张法,刘志勇. 结合位点进化距离与支持向量机的蛋白质分

类方法［J］. 计算机学报，2008(1)：43-50.

［69］周强，陈越，熊赟，等. Cla_Factor：一个基于支持向量机的人类转录因子分类方法［C］. 中国计算机学会数据库专业委员会.第二十四届中国数据库学术会议论文集(研究报告篇)，2007：5.

［70］郭武，戴礼荣，王仁华. 采用高斯概率分布和支持向量机的说话人确认［J］. 模式识别与人工智能，2008(6)：794-798.

［71］刘国栋，许静. 基于 SVM 方法的神经网络呼吸音识别算法［J］. 通信学报，2014(10)：218-222.

［72］陈钟国. 基于群体智能算法的金融时间序列预测研究［D］. 上海：上海交通大学，2013.

［73］Pai P F, Hsu M F, Wang M. A support vector machine-based model for detecting top management fraud［J］. Knowledge-Based Systems, 2011, 24(2011): 314-321.

［74］Tsai C, Cheng K C. Simple instance selection for bankruptcy prediction［J］. Simple instance selection for bankruptcy prediction, 2012, 27(2012): 333-342.

［75］Li S W, Wang M L, He J M. Prediction of Banking Systemic Risk Based on Support Vector Machine［J］. Mathematical Problems in Engineering, 2013(2013): 1-5.

［76］Du P J, Tan K, Xing X S. A novel binary tree support vector machine for hyperspectral remote sensing image classification［J］. Optics Communications, 2012, 285(2012): 3054-3060.

［77］Lu L, Yao X, Wang S Y, et al. Credit risk evaluation using a weighted least squares SVM classifier with design of experiment for parameter selection［J］. Expert Systems with Applications, 2011, 38(2011): 15392-15399.

［78］Wang X B, Wen J H, Zhang Y H, et al. Real estate price forecasting based on SVM optimized by PSO［J］. Optik - International Journal for

Light and Electron Optics, 2014, 125(2014): 1439-1443.
[79] Wang X B, Wen J H, Alam S, et al. Sales Growth Rate Forecasting Using Improved PSO and SVM [J]. Mathematical Problems in Engineering, 2014(2014): 1-13.
[80] 许子鑫. 基于支持向量机回归的短时交通流预测研究与实现 [D]. 广州: 华南理工大学, 2012.
[81] 曹善成,宋笔锋,殷之平,等. 基于支持向量机回归的飞行载荷参数识别研究 [J]. 西北工业大学学报, 2013(4): 535-539.
[82] Dogantekin E, Dogantekin A, Avci D. An expert system based on Generalized Discriminant Analysis and Wavelet Support Vector Machine for diagnosis of thyroid diseases [J]. Expert Systems with Applications, 2011, 38(1): 146-150.
[83] Nash S G, Sofer A. Linear and Nonlinear Programming [M]. New York: McGraw-Hill Companies, 1996.
[84] Vanderbei R J. Linear Programming: Foundations and Extensions(Second edition)[M]. Massachusetts: Kluwer Academic Publishers, 2001.
[85] Goldfarb D, Iyengar G. Robust convex quadratically constrained programs [J]. Mathematical Programming, Series B, 2003 (97): 495-515.
[86] Boyd S, Vandenberghe L. Convex Optimization [M]. Cambridge: Cambridge University Press, 2004.
[87] Alizadeh F, Goldfarb D. Second-order cone programming [J]. Mathematical Programming, Series B, 2003(95): 3-51.
[88] Platt J. Sequential Minimal Optimization: A Fast Algorithm for Training Support Vector Machines [R]. Washington: Microsoft Research, 1998.
[89] Zhang X G. Using class-center vectors to build support vector machines [C]. In Proceedings of the Proceedings of the 1999 IEEE Signal Processing Society Workshop, 1999:3-11.

[90] Klerk E. Aspects of Semidefinite Programming [M]. Dordrecht: Kluwer Academic Publishers, 2002.

[91] Mangasarian O L, Musicant D R. Successive overrelaxation for Support Vector Machines [J]. IEEE Transactions on Neural Networks, 1999, 10(5): 1032-1037.

[92] Joachims T. Making Large-Scale SVM Practical. Advances in Kernel Methods-Support Vector Learning [M]. Cambridge: MIT Press, 1999.

[93] Goberna M A, López M A. Linear Semi-Infinite Optimization [M]. New York: John Wiley, 1998.

[94] Bennett K, Ji X, Hu J. et al. Model selection via bi-level optimization [C]. In Proceedings of the IEEE World Congress on Computational Intelligence, 2006: 1922-1929.

[95] Schölkopf B, Smola A J, Learning with Kernels-Support Vector Machines, Regularization, Optimization, and Beyond [M].Cambridge: MIT Press, 2002.

[96] Angulo C, Català A. K-SVCR, a multi-class support vector machine [C]. In Proceedings of European Conference on Machine Learning, Lecture Notes in Computer Science, 2000(1810): 31-38.

[97] Crammer K, Singer Y. On the algorithmic implementation of multi-class kernel based vector machines [J]. Journal of Machine Learning Research, 2001(2): 265-292.

[98] Lin C F, Wang S D. Fuzzy support vector machine [J]. IEEE Transaction on Neural Network, 2002, 13(2): 464-471.

[99] Parrado-Hernández E, Mora-Jiménez I, Arenas-García J, et al. Growing support vector classifiers with controlled complexity [J]. Pattern Recognition, 2003, 36(7): 1479-1488.

[100] Akbani R, Kwekl S, Japkowicz N. Applying support vector machines to imbalanced datasets [C]. In Proceedings of the European

Conference on Machine Learning, Lecture Notes in Computer Science, 2004(3201): 39-50.

[101] Mangasarian O L, Wild E W. Multisurface proximal support vector machine classification via generalized eigenvalues [J]. IEEE Transactions on Pattern Analysis and Machine Intelligence, 2006, 28(1): 69-74.

[102] Jayadeval, Khemchandani R, Chandra S. Twin Support Vector Machines for pattern classification [J]. IEEE Transactions on Pattern Analysis and Machine Intelligence, 2007, 29(5): 905-910.

[103] Fung G, Mangasarian O L. Proximal support vector machine classifiers [C]. In Proceedings of the International Conference of Knowledge Discovery and Data Mining, 2001: 77-86.

[104] Suykens J A K , Vandewalle J . Least squares support vector machine classifiers [J]. Neural Processing Letters, 1999, 9(3): 293-300.

[105] Herbrich R, Graepel T, Obermayer K. Support vector learning for ordinal regression [C]. In Proceedings of the 9th International Conference on Artificial Neural Networks, 1999: 97-102.

[106] Joachims T. Transductive inference for text classification using support vector machines [C]. In Proceedings of the 16th International Conference on Machine Learning. Morgan Kaufmann, San Francisco, 1999: 200-209.

[107] Bennett K, Demiriz A. Semi-supervised support vector machines [C]. In Proceedings of the Conference on Advances in Neural Information Processing Systems Ⅱ, 1999(11): 368-374.

[108] Song Q, Hu, W J, Xie W F. Robust support vector machine with bullet hole image classification [J]. IEEE Transactions on Systems Man and Cybernetics Part C-Applications and Reviews, 2002, 32(4): 440-448.

[109] Guo J, Takahashi N, Nishi T. A learning method for robust support vector machines [C]. In Proceedings of the International Symposium on Neural Networks(ISSN 2004), 2004(3173): 474-479.

[110] Belkin M, Niyogi P, Sindhwani V. Manifold Regularization: a Geometric Framework for Learning from Labeled and Unlabeled Examples [J]. Journal of Machine Learning Research, 2006(7): 2399-2434.

[111] Sun S L, Jin F, Tu W T. View Construction for Multi-view Semi-supervised Learning [C]. In Proceedings of the 8th International Symposium on Neural Networks, 2011(6675): 595-601.

[112] Zhang L M, Song M L, Bu J J, et al. Fast Multi-view Graph Kernels for Object Classification [C]. In Proceedings of the 24th Australasian Joint Conference on Artificial Intelligence, 2011(7106): 570-579.

[113] Fung G, Mangasarian O L, Shavlik J. Knowledge-based support vector machine classifiers [J]. Advances in Neural Information Processing Systems, 2001(15): 537-544.

[114] Fung G, Mangasarian O L, Shavlik J. Knowledge-based nonlinear kernel classifiers [C]. In Proceedings of the 16th Annual Conference on Learning Theory/7th Annual Workshop on Kernel Machines, 2003(2777): 102-113.

[115] Jeyakumar V, Li G , Suthaharan S. Support vector machine classifiers with uncertain knowledge sets via robust optimization [J]. Optimization, 2014, 63(7): 1099-1116.

[116] Platt J C. Probabilities for Support Vector Machines [M].Cambridge: MIT Press, 2000, 61-74.

[117] Tsoumakas G, Katakis I. Multi-label classifiation: an overview [J]. International Journal of Data Warehousing and Mining, 2007, 3(3): 1-13.

[118] Tsoumakas G, Katakis I, Vlahavas I. Mining multi-label data [J]. Data Mining and Knowledge Discovery Handbook, 2010 (6): 667-685.

[119] Chen W J, Tian Y J. Lp-norm proximal support vector machine and its applications [J]. Procedia Computer Science, 2010, 1 (1): 2417-2423.

[120] Tan J Y, Zhang C H, Deng N Y. Cancer related gene identification via p-norm support vector machine [C]. In Proceeding of the International Conference on Computational Systems Biology, 2010: 101-108.

[121] Martens D, Huysmans J, Setiono R, et al. Rule extraction from support vector machines: an overview of issues and application in credit scoring [J]. Studies in Computational Intelligence, 2008(80): 33-63.

[122] Gao C H, Ge Q H, Jian L. Rule Extraction From Fuzzy-Based Blast Furnace SVM Multi-classifier for Decision-Making [J]. IEEE Transactions on Fuzzy Systems, 2014, 22(3): 586-596.

[123] Chen Y C, Su C T, Yang T H. Rule extraction from support vector machines by genetic algorithms [J]. Neural Computing & Applications, 2013, 233(4): 729-739.

[124] Chapelle O, Vapnik V. Model selection for support vector machines [C]. In Proceedings of the 13th Annual Conference on Neural Information Processing Systems, 1999(12): 230-236.

[125] Seeger M. Bayesian model selection for Support Vector machines, Gaussian processes and other kernel classifiers [C]. In Proceedings of the 13th Annual Conference on Neural Information Processing Systems, 1999(12): 603-609.

[126] Runarsson T P, Sigurdsson S. Model selection for support vector machines using an asynchronous parallel evolution strategy [C]. In

Proceedings of the International Conference on Neural Networks and Signal Processing, 2003: 495-498.

[127] Keerthi S S, Sundararajan S, Chang K W, et al. A sequential dual method for large scale multi-class linear SVMs [C]. In Proceedings of the International Conference on Knowledge Discovery and Data Mining, 2008, 408-416.

[128] Hsieh C J, Chang K W, Lin C J, et al. A dual coordinate descent method for large-scale linear SVM [C]. In Proceedings of the 25th International Conference on Machine Learning, 2008: 408-415.

[129] Chang K W, Hsieh C J, Lin C J. Coordinate descent method for large-scale L2-loss linear SVM [J]. Journal of Machine Learning Research, 2008(9): 1369-1398.

[130] 刘建国,周涛,郭强,等.个性化推荐系统评价方法综述[J]. 复杂系统与复杂性科学, 2009, 6(3): 1-10.

[131] Xu J A, Araki K. A SVM-based personal recommendation system for TV programs [C]. In Proceedings of the International Conference on Multi-Media Modelling, 2006: 4.

[132] Eyrun A, Gaurangi T, Nan L. Moviegen: A movie recommendation system [J]. Hewlett-Packard, August, 2008.

[133] Han B, Rho S, Jun S, et al. Music emotion classification and context-based music recommendation [J]. Multimedia Tools and Applications, 2010, 47(3): 433-460.

[134] Chung Y, Jung H W, Kim J, et al. Personalized expert-based recommender system: training C-SVM for personalized expert identification [M]. Machine Learning and Data Mining in Pattern Recognition. Berlin : Springer Berlin Heidelberg, 2013.

[135] 罗奇,余英,赵呈领,等. 自适应推荐算法在电子超市个性化服务系统中的应用研究 [J]. 通信学报, 2006(11): 183-186.

[136] 史艳翠,孟祥武,张玉洁,等. 一种上下文移动用户偏好自适应学习方法 [J]. 软件学报, 2012(10): 2533-2549.
[137] Cristianini N, Taylor J S. An introduction to support vector machines and other kernel-based learning Methods [M]. New York: Cambridge university Press, 2000.
[138] 杨春生. 基于梯度搜索的粒子群优化算法研究及其应用 [D]. 镇江: 江苏大学, 2013.
[139] Li Y, Xia J, Zhang S, et al. An efficient intrusion detection system based on support vector machines and gradually feature removal method [J]. Expert Systems with Applications, 2012, 39(1): 424-430.
[140] Berti G. GrAL—the grid algorithms library [J]. Future Generation Computer Systems, 2006, 22(1): 110-122.
[141] 毛灵,陈兴蜀,吴仲光,等. 基于优化 SVM 的 P2P 协议识别 [J]. 计算机应用研究, 2011, 28(7): 2750-2753.
[142] 张小云,刘允才. 高斯核支撑向量机的性能分析 [J]. 计算机工程, 2003, 29(8): 22-25.
[143] 丁世飞,齐丙娟,谭红艳,等. 支持向量机理论与算法研究综述 [J]. 电子科技大学学报, 2011, 40(1): 1-10.
[144] Witten I H, Frank E. Data mining: Practical machine learning tools and techniques. Morgan Kaufmann, 2005. http://prdownloads.sourceforge.net/weka/datasets-UCI.jar.
[145] MovieLens Datasets.http://grouplens.org/datasets/movielens/.
[146] 王宏宇,糜仲春,梁晓艳,等. 一种基于支持向量机回归的推荐算法 [J]. 中国科学院研究生院学报, 2007(6): 742-748.
[147] 李婧. 基于支持向量机模型的电子商务推荐算法研究 [D]. 大连: 大连理工大学, 2013.
[148] Fan J, Xu L L. A Robust Multi-criteria Recommendation Approach with Preference-Based Similarity and Support Vector Machine [J].

Advances in Neural Networks—ISNN 2013, Lecture Notes in Computer Science, 2013(7952): 385-394.

[149] Kumar M A, Gopal M. Application of smoothing technique on twin support vector machines [J]. Pattern Recognition Letters, 2008, 29(13): 1842-1848.

[150] Wang D, Ye N, Ye Q. Twin support vector machines via fast generalized Newton refinement [C]. In Proceedings of the International Conference on Intelligent Human-Machine Systems and Cybernetics, 2010(2): 62-65.

[151] Qi Z, Tian Y, Shi Y. Structural twin support vector machine for classification [J]. Knowledge-Based Systems, 2013(43): 74-81.

[152] Shao Y H, Zhang C H, Wang X B, et al. Improvements on twin support vector machines [J]. IEEE Transactions on Neural Networks, 2011, 22(6): 962-968.

[153] Ding S F, Huang H J, Xu X Z, et al. Polynomial Smooth Twin Support Vector Machines [J]. Applied Mathematics & Information Sciences, 2014, 8(4): 2063-2071.

[154] Singh M, Chadha J, Ahuja P, et al. Reduced twin support vector regression [J]. Neurocomputing, 2011, 74(9): 1474-1477.

[155] Chapelle O. Training a support vector machine in the primal [J]. Neural Computation, 2007, 19(5): 1155-1178.

[156] Lee Y J, Mangasarian O L. SSVM: A smooth support vector machine for classification [J]. Computational optimization and Applications, 2001, 20(1): 5-22.

[157] Chen X J, Qi L Q, Sun D F. Global and superlinear convergence of the smoothing Newton method and its application to general box constrained variational inequalities [J]. Mathematics of Computation of the American Mathematical Society, 1998, 67(222): 519-540.

[158] Lee Y J, Mangasarian O L. RSVM: Reduced Support Vector Machines [C]. In Proceedings of the 2001 SIAM International Conference on Data Mining, 2001(1): 325-361.

[159] Musicant D R. NDC: normally distributed clustered datasets, http://www.cs.wisc.edu/dmi/svm/ndc/, 1998.

[160] Mosek, http://www.mosek.com, 2007.

[161] Lin C J. LIBSVM: A Library for Support Vector Machines, Department of Computer Science, National Taiwan University, http://www.csie.ntu.edu.tw/~cjlin/, 2011.

[162] Joachims T. Transductive inference for text classification using support vector machines [C]. In Proceedings of the International Conference on Machine Learning, 1999: 200-209.

[163] Chapelle O, Zien A. Semi-Supervised Classification by Low Density Separation [C]. In Proceedings of the 10th International Workshop on Artificial Intelligence and Statistics, 2005: 57-64.

[164] Yang, L M, Wang L S. A class of smooth semi-supervised SVM by difference of convex functions programming and algorithm [J]. Knowledge-Based Systems, 2013(41): 1-7.

[165] Chapelle O, Sindhwani V, Keerthi S. Branch and bound for semisupervised support vector machines [J]. Advances in Neural Information Processing Systems, 2007(19).

[166] Chen Y, Wang G, Dong S. Learning with progressive transductive support vector machine [J]. Pattern Recognition Letters, 2003, 24 (12): 1845-1855.

[167] Bruzzone L, Chi M, Marconcini M. A novel transductive SVM for semisupervised classification of remote-sensing images [J]. IEEE Transactions on Geoscience and Remote Sensing, 2006, 44(11): 3363-3373.

[168] Li Y F, Zhou Z H. Improving semi-supervised support vector machines through unlabeled instances selection [J]. arXiv preprint arXiv:1005.1545, 2010.

[169] Settles B. Active Learning Literature Survey [R]. Computer Sciences Technical Report 1648, University of Wisconsin-Madison, 2009.

[170] Zhu X, Lafferty J, Ghahramani Z. Combining active learning and semi-supervised learning using gaussian fields and harmonic functions [C]. In Proceedings of the ICML 2003 Workshop on the Continuum from labeled to Unlabeled Data in Machine Learning and Data Mining, 2003: 58-65.

[171] Hassanzadeh H, Keyvanpour M. A two-phase hybrid of semi-supervised and active learning approach for sequence labeling [J]. Intelligent Data Analysis, 2013, 17(2): 251-270.

[172] Zhu X, Ghahramani Z, Lafferty J. Semi-Supervised Learning Using Gaussian Fields and Harmonic Functions [C]. In Proceedings of the 20th. International Conference on Machine Learning, 2003: 912-919.

[173] Zhou D, Bousquet O, Lal T N, et al. Learning with local and global consistency [J]. Advances in neural information processing systems, 2004, 16(16): 321-328.

[174] Blum A, Chawla S. Learning from Labeled and Unlabeled Data Using Graph Mincuts [C]. In Proceedings the 18th International Conference on Machine Learning, 2001: 19-26.

[175] Karlen M, Weston J, Erkan A, et al. Large scale manifold transduction [C]. In Proceedings of the 25th International Conference on Machine learning, 2008: 448-455.

[176] Zhang Y, Wen J, Wang X, et al. Semi-supervised learning combining co-training with active learning[J]. Expert Systems with Applications, 2014, 41(5): 2372-2378.

[177] Sariyar M, Borg A. Bagging, bumping, multiview, and active learning for record linkage with empirical results on patient identity data[J]. Computer methods and programs in biomedicine, 2012, 108(3): 1160-1169.

[178] Constantinopoulos C, Likas A. Semi-supervised and active learning with the probabilistic RBF classifier[J]. Neurocomputing, 2008, 71(13): 2489-2498.

[179] Campbell C, Cristianini N, Smola A. Query learning with large margin classifiers[C]. In Proceedings of the 17th International Conference on. Machine Learning, 2000: 111-118.

[180] Tong S, Chang E. Support vector machine active learning for image retrieval[C]. In Proceedings of the 9th ACM International Conference on Multimedia, 2001: 107-118.